新課程

中高一貫教育をサポートする

体系問題集

数学1

中学
1,2
年生用

幾何編

基礎～発展

数研出版
https://www.chart.co.jp

本書の特色

この本は，数研出版発行のテキスト「新課程　体系数学１幾何編」に内容をあわせた問題集として編集してあります。

項目名やレベル設定をテキストと同じにしているので，この問題集とテキストを同時に使用することで，内容の理解が一層深まることでしょう。

本書がみなさんの学習の助けとなることを希望しています。

目　次

中1，中2 は，中学校学習指導要領に示された，その項目を学習する学年を表しています。また，数A は，高等学校の数学Aの内容です。

本書の構成

基本のまとめ	その項目の重要事項や公式をまとめました。
● **基本問題** ●	基本問題では，テキストの本文で扱われた内容のうち，基本的な問題を中心に取り上げました。 各問題には，その問題を表すタイトルを付け，また，対応する「基本のまとめ」の番号を示してあります。
◆ **標準問題** ◆	標準問題では，テキストの本文や章末で扱われた内容に関連した問題を幅広く取り上げました。 ここの問題を解いていくうちに，その項目の実力が養われていきます。
■ **発展問題** ■	発展問題では，テキストでは扱われていない発展的な問題を取り上げました。計算力・思考力・洞察力など幅広い学力が必要となります。
章末問題	各章の章末では，その章で学んだ内容を総合的に用いて解く問題を取り上げました。学習の仕上げとして解いてみましょう。
例題と解答	テキストでは扱われていない重要で代表的な問題を，例題として取り上げました。解答では，その模範解答を示してあります。
▨ **印問題**	▨印がついた問題だけを演習しても，一通りの学習ができるようにしてあります。
◈ **印問題**	◈印がついた問題は，思考力・判断力・表現力を身につけるために特に役立つ問題です。
ヒント	必要に応じてヒントを示しました。
別冊解答	解答編を別冊にしました。 問題を解いたあと，確認しましょう。

第1章　平 面 図 形

1　平面図形の基礎

━━ 基本のまとめ ━━

1 直線，距離，角

① 点Aを端とし，点Bの方に限りなくのびた半直線を **半直線 AB** と表す。

② 点Pから直線 ℓ に下ろした垂線の足をQとするとき，線分 PQ の長さを，**点Pと直線 ℓ の距離** という。

③ Oを頂点，2つの半直線 OA，OB を辺とする角を **∠AOB** または **∠O** と表す。

2 円

① 円の中心Oを頂点とし，2辺が弧 AB の両端 A，B を通る角 ∠AOB を，$\overset{\frown}{AB}$ に対する **中心角** という。

② 弧 AB とその中心角 ∠AOB によって囲まれた図形を **扇形** という。

③ 円Oの接線は，接点Pを通る半径 OP に垂直である。

④ 円Oと直線 ℓ の共有点の個数は，円Oの半径を r，中心Oと直線 ℓ の距離を d とすると

$$d<r \text{ のとき2個，} \quad d=r \text{ のとき1個，} \quad d>r \text{ のとき0個}$$

●　●　● 基本問題 ●　●　●

1 直線，線分，半直線　　▶まとめ **1** ①

左の図のように，平面上に4点 A，B，C，D がある。

このとき，次の直線，線分，半直線を，図にかき入れなさい。

- □(1)　直線 AB
- □(2)　直線 AC
- □(3)　線分 BC
- □(4)　線分 CD
- □(5)　半直線 DA
- □(6)　半直線 BD

A・

　　　　　D・

B・　　　C・

2 2直線の関係　　▶まとめ **1** ②

次の空欄をうめなさい。

□(1)　2直線 AB，CD が垂直に交わるとき，記号で ⁷□ と表す。このとき，垂直な2直線の一方を他方の ⁱ□ という。

□(2)　平面上の異なる2直線 AB，CD が交わらないとき，AB と CD は ⁷□ であるといい，記号で ⁱ□ と表す。

4 | 第1章　平面図形

3 2直線の平行と垂直　　▶まとめ 1 ②

右の図のように，直線 ℓ, m, n がある。

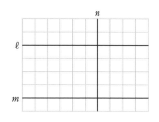

□(1)　直線 ℓ と直線 m の平行，垂直の関係を答え，記号で表しなさい。

□(2)　直線 m と直線 n の平行，垂直の関係を答え，記号で表しなさい。

□(3)　直線 ℓ と直線 n の平行，垂直の関係を答え，記号で表しなさい。

4 点，直線と距離　　▶まとめ 1 ②

次の空欄をうめなさい。

□(1)　2点 A, B に対して，線分 ^{ア} □ の長さを，2点 A, B 間の距離という。この距離が 15 cm であることを式で表すと，^{イ} □ となる。

□(2)　右の図において，線分 ^{ア} □ の長さを，点 P と直線 ℓ の距離という。点 ^{イ} □ を，P から直線 ℓ に引いた垂線の足という。

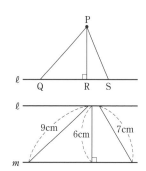

□(3)　右の図において，直線 ℓ と m は平行である。ℓ 上のどこに点 P をとっても，P と m の距離は ^{ア} □ で，^{イ} □ cm である。この距離を，平行な2直線 ℓ, m 間の距離という。

5 長方形と辺　　▶まとめ 1 ②

右の図の長方形 ABCD について，次の問いに答えなさい。

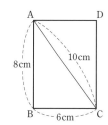

□(1)　三角形 ABC について，3辺の長さを式で書きなさい。

□(2)　辺 AB と平行または垂直な辺をすべて見つけ出し，記号で表しなさい。

□(3)　2点 D, C 間の距離を求めなさい。

□(4)　点 B と直線 AD の距離を求めなさい。

□(5)　点 A と直線 DC の距離を求めなさい。

□(6)　2直線 AD, BC 間の距離を求めなさい。

6 点，直線と距離　　▶まとめ 1 ②

右の図について，次の問いに答えなさい。ただし，方眼の1めもりは1cmとする。

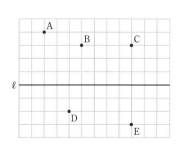

□(1)　2点 C, E 間の距離を求めなさい。

□(2)　直線 ℓ との距離が最も長い点はどれか答えなさい。

□(3)　直線 BC と直線 ℓ の距離を求めなさい。

7 角とその頂点，辺　▶まとめ 1 ①，③

次の空欄をうめなさい。

□(1)　半直線 OA，OB がつくる角を，記号 ∠ を用いて，^ア　　　　または ∠O と表す。

□(2)　∠AOB において，頂点は ^ア　　，辺は ^イ　　 と OB である。

■8 角の表し方　▶まとめ 1 ③

右の図において，∠a，∠b，∠c，∠d をそれぞれ，∠BCD の
ように，A，B，C，D，E を用いて表しなさい。

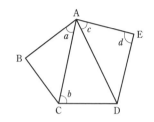

9 円　▶まとめ 2 ①，②

右の図の円Oについて，次の空欄をうめなさい。

□(1)　図の円周の太線部分を弧 AB といい，記号で　　　　と表す。

□(2)　線分 AB を　　　　　という。

□(3)　∠AOB を弧 AB に対する　　　　　という。

□(4)　2 つの半径 OA，OB と弧 AB によって囲まれた図形を ^ア　　　　OAB

といい，∠AOB を，この図形の ^イ　　　　という。

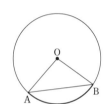

10 円と直線　▶まとめ 2 ③，④

半径 6 cm の円Oと直線 ℓ がある。

□(1)　右の図のように，直線 ℓ が，円Oの周上の点Pを通る接線であ

るとき，Pを ^ア　　　　という。また，OP＝^イ　　cm で，ℓ は

OP に ^ウ　　　　である。

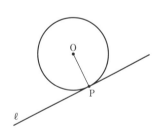

■(2)　点Oから直線 ℓ までの距離が次の各場合であるとき，円Oと直
線 ℓ の共有点の個数を求めなさい。

(ア)　3 cm　　　　　　　　(イ)　6 cm　　　　　　　　(ウ)　8 cm

例題1 点の集まり

直線 ℓ からの距離が 2 cm である点を多くとると，その点の集まりはどのような図形になるか答えなさい。

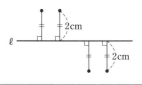

解答 直線 ℓ からの距離が 2 cm である点の集まりは，**直線 ℓ に平行で，直線 ℓ との距離が 2 cm である 2 つの直線**になる。 **答**

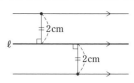

11 次のような点を多くとると，その点の集まりはどのような図形になるか答えなさい。

■(1) 点Oからの距離が 8 cm である点

□(2) 直線 ℓ からの距離が 6 cm である点

12 右の図のように，4 つの直線がある。

■(1) 方眼を利用して，直線 AD と直線 BC の位置関係を記号で表しなさい。

■(2) 点Dを通り，直線 AB に平行な直線 ℓ を引いたとき，直線 ℓ と直線 CD の位置関係を記号で表しなさい。

■(3) 点Bを通り，直線 AD に垂直な直線 m を引いたとき，直線 m と直線 BC の位置関係を記号で表しなさい。

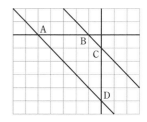

発展問題

□**13** 右の図のように，半径 4 cm の円Oの円周上に 2 点 P，Q がある。点 P を固定し，点 Q を円周上で動かす。弦 PQ の長さが最も大きくなるとき，その値を求めなさい。

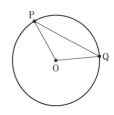

ヒント 13 円において，長さが最も大きい弦は直径である。

2 図形の移動

基本のまとめ

1 線対称

① 1つの直線を折り目として図形を折ったとき，その直線の両側の部分がぴったりと重なる図形は **線対称** であるといい，折り目とした直線を **対称の軸** という。また，ぴったりと重なる点を **対応する点** という。

② 線対称な図形において，対称の軸は，対応する2点を結ぶ線分を垂直に2等分する。

対称の軸

2 点対称

① 1つの点を中心として図形を $180°$ 回転させたとき，もとの図形とぴったりと重なる図形は **点対称** であるといい，回転の中心とした点を **対称の中心** という。また，ぴったりと重なる点を **対応する点** という。

② 点対称な図形において，対応する2点を結ぶ線分は対称の中心を通り，対称の中心はこの線分を2等分する。

対称の中心

3 移動

移動によってぴったりと重なる点を，対応する点という。

4 平行移動

① 図形を，一定の向きに一定の距離だけずらすことを **平行移動** という。

② 平行移動では，対応する2点を結ぶ線分は，どれも平行で長さが等しい。

5 回転移動

① 図形を，ある点を中心として一定の角度だけ回すことを **回転移動** という。

このとき，中心とした点を **回転の中心** という。

特に，$180°$ の回転移動を **点対称移動** という。

② 回転移動において，回転の中心と対応する2点をそれぞれ結んでできる角の大きさはすべて等しい。

また，回転の中心は対応する2点から等しい距離にある。

6 対称移動

① 図形を，1つの直線を折り目として折り返すことを **対称移動** という。

このとき，折り目とした直線を **対称の軸** という。

② 対称移動において，対応する2点を結ぶ線分は，対称の軸によって垂直に2等分される。

14 線対称な図形と対称の軸　　▶まとめ **1**

右の図形は線対称な図形である。それぞれについて，対称の軸をすべてかき入れなさい。

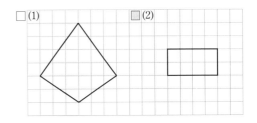

15 線対称な図形の性質　　▶まとめ **1**

右の図形は，直線 ℓ を対称の軸とする線対称な図形であり，点 I は直線 ℓ と BH の交点である。

- □(1)　点Cに対応する点はどれか答えなさい。
- □(2)　辺 FG に対応する辺はどれか答えなさい。
- □(3)　BH＝8 cm のとき，線分 BI の長さを求めなさい。
- □(4)　∠EIH の大きさを求めなさい。

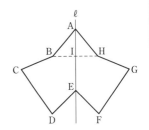

16 線対称な図形　　▶まとめ **1**

次の図で，直線 ℓ が対称の軸となるように，線対称な図形を完成させなさい。

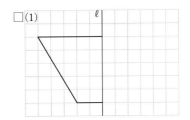

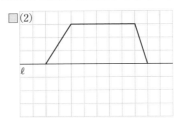

17 点対称な図形と対称の中心　　▶まとめ **2**

右の図形は点対称な図形である。それぞれについて，対称の中心をかき入れなさい。

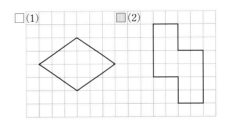

18 点対称な図形の性質　▶まとめ 2

右の図形は，点Oを対称の中心とする点対称な図形である。

■(1)　点Bに対応する点はどれか答えなさい。

■(2)　辺 EF に対応する辺はどれか答えなさい。

■(3)　OC＝6 cm のとき，線分 OG の長さを求めなさい。

■(4)　∠DOH の大きさを求めなさい。

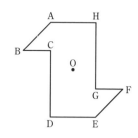

19 点対称な図形

▶まとめ 2

左の図で，点Oが対称の中心となるように，点対称な図形を完成させなさい。

■(1)　　　　　　　　□(2)

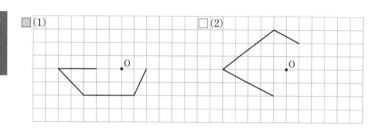

20 円の対称性　▶まとめ 1, 2

円について，次の問いに答えなさい。

□(1)　円は線対称な図形である。対称の軸はどのような直線か答えなさい。

□(2)　円は点対称な図形である。対称の中心はどのような点か答えなさい。

21 平行移動　▶まとめ 4

右の図の △PQR は，△ABC を平行移動したものである。

□(1)　辺 AB と辺 PQ はどのような位置関係にあるか答えなさい。

□(2)　線分 BQ と平行な線分をすべて答えなさい。

□(3)　辺 PR と長さの等しい辺はどれか答えなさい。

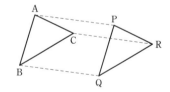

22 回転移動　▶まとめ 5

右の図の △PQR は，△ABC を点Oを回転の中心として時計の針の回転と同じ向きに 80° だけ回転移動したものである。

□(1)　辺 BC と長さの等しい辺はどれか答えなさい。

□(2)　∠AOP の大きさを求めなさい。また，∠AOP と等しい角をすべて答えなさい。

□(3)　次の空欄をうめなさい。

OA＝ᵃ[　　]，ⁱ[　　]＝OQ，ᵘ[　　]＝OR

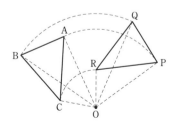

23 対称移動　▶まとめ 6

右の図の △PQR は，△ABC を直線 ℓ を対称の軸として対称移動したものである。

□(1)　辺 AB と長さの等しい辺はどれか答えなさい。

□(2)　線分 AP，線分 BQ，線分 CR はどのような位置関係にあるか
答えなさい。

□(3)　ℓ と線分 AP，BQ，CR の交点を，それぞれ D，E，F とする。
次の空欄をうめなさい。

$$AD = {}^{\mathcal{P}}\boxed{}, \quad {}^{\mathcal{A}}\boxed{} = QE, \quad CF {}^{\mathcal{D}}\boxed{} \ell$$

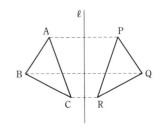

24 平行移動した図形　▶まとめ 4

右の図において，△ABC を矢印の向きに，矢印の長さ
だけ平行移動した図をかきなさい。

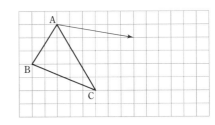

25 回転移動した図形　▶まとめ 5

右の図のように，正方形 ABCD を 8 つの合同な直角二等辺三角形に
分ける。

このとき，△OBE を点Oを回転の中心として回転移動させて，重ね合
わせることができる三角形をすべて答えなさい。

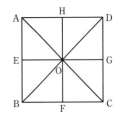

26 対称移動した図形
▶まとめ 6

右の図形を，直線 ℓ を
対称の軸として対称移動
した図をかきなさい。

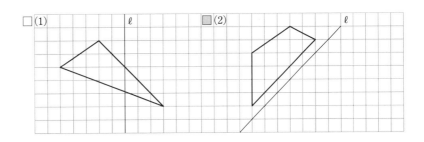

□(1)　　　　　ℓ　　　　　□(2)　　　　　ℓ

27 移動の性質　▶まとめ 4, 5, 6

右の図は，正三角形 ABC を 4 つの合同な正三角形に分けたものである。

■(1)　①を直線 DF を対称の軸として対称移動した後，直線 EF を対称の
軸として対称移動するとき，重なる三角形を答えなさい。

■(2)　①を(1)で答えた三角形に 1 回の移動で移す方法を 1 つ答えなさい。

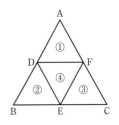

例題2 | 点対称な図形の性質

AB＝6 cm，AD＝8 cm の長方形 ABCD があり，その対角線の交点を通る直線 ℓ が辺 BC，DA と，それぞれ点 P，Q で交わっている。BP＝3 cm であるとき，線分 AQ の長さを求めなさい。

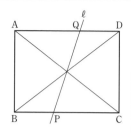

考え方 点対称な図形を対称の中心を通る直線で切ると，2つに分かれた図形は合同になる。

解答 長方形は，その対角線の交点を対称の中心とする点対称な図形である。

よって，2つの四角形 ABPQ と CDQP は合同であるから

BP＝DQ

したがって AQ＝AD－DQ＝8－3＝5

答 **5 cm**

---

28 右の図は，1辺の長さが 10 cm であるひし形の紙 ABCD を，その対角線の交点を通る2つの直線で折ったのち，再び広げたものであり，PR，QS はそのときの折り目の線である。AP＝2 cm，DS＝3 cm であるとき，次の線分の長さを求めなさい。

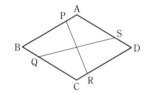

☐(1) BQ　　　　　　　　☐(2) DR

29 正方形の紙 ABCD を何回か折って直角二等辺三角形を作り，この紙を広げたところ，右の図のような折り目がついた。

☐(1) 点Aに重なった点をすべて答えなさい。

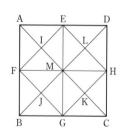

☐(2) 紙を折ってできた直角二等辺三角形の各頂点を，右の図のように P，Q，R とする。正方形の頂点Aが図の点Pの位置にくるとき，点Q，点Rにくる点をすべて答えなさい。

◇◇

ヒント 29(2) まず，点Q，点Rにくる点をそれぞれ1つ見つける。

例題3	対称移動

右の図で，直線 ℓ と直線 m は平行で，その距離は 10 cm である。
線分 CD は，線分 AB を直線 ℓ を対称の軸として対称移動した
ものであり，線分 EF は，線分 CD を直線 m を対称の軸として
対称移動したものである。
線分 AB を1回の移動で線分 EF に重ねるには，どのような移
動をすればよいか答えなさい。

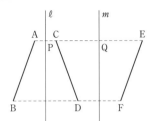

考え方 AC と ℓ の交点を P，CE と m の交点を Q とすると，AP＝CP，CQ＝EQ が成り立つことに注目する。

解答 AC⊥ℓ，CE⊥m で，ℓ∥m であるから，A，C，E は一直線上にあり　AE⊥ℓ
B，D，F も一直線上にあり，BF⊥ℓ より　AE∥BF
ここで，線分 AE と ℓ，m の交点をそれぞれ P，Q とする。
AP＝CP，CQ＝EQ で，CP＋CQ＝10 であるから
$$AE＝10×2＝20$$
同様に　　　BF＝20
よって，線分 AB を，**直線 ℓ に向かう垂直な向きに 20 cm 平行移動**
すれば，線分 EF に重なる。**答**

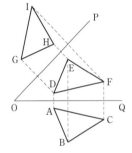

□**30** 右の図で，∠POQ＝45° である。△DEF は，△ABC を線分 OQ を
対称の軸として対称移動したものであり，△GHI は，△DEF を線分
OP を対称の軸として対称移動したものである。
△ABC を1回の移動で △GHI に重ねるには，どのような移動をすれば
よいか答えなさい。

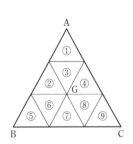

31 右の図は，1辺の長さが 15 cm の正三角形 ABC を，9個の合同
な正三角形に分けたものである。

□(1) ① を ⑤ に重ねるには，どのような移動をすればよいか1つ答えな
さい。

□(2) ⑤ を対称移動して ⑨ に重ねるとき，点Bから対称の軸までの距離
を求めなさい。

□(3) ① をGを回転の中心として時計の針の回転と同じ向きに何度回転移
動すると，⑨ に重なるか答えなさい。

3 作図

━━ 基本のまとめ ━━

1 作図

定規とコンパスだけを用いて図形をかくことを **作図** という。

2 基本的な作図

① **垂直二等分線** 線分 AB の垂直二等分線を作図する手順

  [1] 線分の両端 A，B をそれぞれ中心として，等しい半径の円をかく。

  [2] [1] でかいた 2 円の交点をそれぞれ P，Q として，直線 PQ を引く。

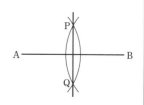

② **角の二等分線** ∠AOB の二等分線を作図する手順

  [1] 点 O を中心とする円をかき，辺 OA，OB との交点をそれぞれ P，Q とする。

  [2] 2 点 P，Q をそれぞれ中心として，等しい半径の円をかく。その交点の 1 つを R として，半直線 OR を引く。

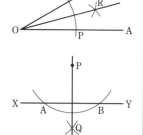

③ **垂線** 点 P を通り直線 XY に垂直な直線を作図する手順

  [1] 点 P を中心とする円をかき，直線 XY との交点をそれぞれ A，B とする。

  [2] 2 点 A，B をそれぞれ中心として，等しい半径の円をかく。その交点の 1 つを Q として，直線 PQ を引く。

3 円と作図

① **円の接線** 円の接線は，接点を通る半径に垂直であることを利用して作図する。

② **3 点を通る円** 円の中心は，2 つの弦の垂直二等分線の交点であることを利用して作図する。

● ● ● 基本問題 ● ● ●

□32 作図　▶ まとめ **1**

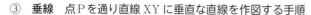

　　3 辺の長さが，それぞれ左の 3 つの線分の長さと等しい三角形を作図しなさい。

□33 垂直二等分線の作図　▶ まとめ **2** ①

　　左の図の △ABC について，辺 AB，辺 BC の垂直二等分線をそれぞれ作図しなさい。

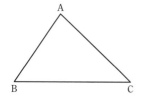

□**34** 2点から等しい距離にある点　▶ まとめ **2** ①

右の図のような点 A，B と直線 ℓ について，直線 ℓ 上にあって，
2点 A，B から等しい距離にある点を作図によって求めなさい。

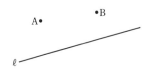

□**35** 角の二等分線の作図　▶ まとめ **2** ②

右の図の △ABC について，∠ABC，∠ACB の二等分線をそ
れぞれ作図しなさい。

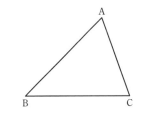

□**36** 2つの線分から等しい距離にある点　▶ まとめ **2** ①，②

右の図のような線分 AB，BC について，線分 AB の垂直二等
分線上にあって，線分 AB と線分 BC から等しい距離にある点
を作図によって求めなさい。

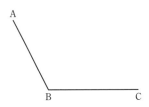

37 垂線の作図　▶ まとめ **2** ③

次の図のような点 P と直線 ℓ について，点 P を通り直線 ℓ に垂直な直線をそれぞれ作図しなさい。

□(1)　　　　　　　　　　　　　　　　□(2)

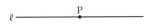

38 三角形の高さ　▶ まとめ **2** ③

右の図の △ABC について，次の図形を作図しなさい。

□(1)　辺 BC を底辺とする高さ

□(2)　辺 AC を底辺とする高さ

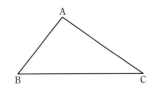

□**39** 円の接線の作図　　▶まとめ **3** ①

左の図のように，円Oの円周上に点Pがある。
点Pを通る円Oの接線を作図しなさい。

□**40** 直線に接する円の作図　　▶まとめ **3** ①

左の図のように，直線 ℓ 上に点Pがある。
点Pで ℓ に接する円を1つ作図しなさい。

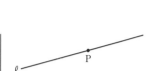

□**41** 3点を通る円の作図　　▶まとめ **3** ②

左の図の3点 A，B，C を通る円を作図しなさい。

□**42** 円の中心の作図　　▶まとめ **3** ②

左の図は，直線 ℓ 上に中心をもつ円の一部である。
この円の中心Oを作図によって求めなさい。

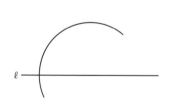

43 90°，45° の作図　　▶まとめ **2** ②，③

左の図のような線分 AB について，次の図形を1つ作図
しなさい。

□(1)　∠CAB＝90° となる線分 AC
□(2)　∠DAB＝45° となる線分 AD

◆ ◆ ◆ 標準問題 ◆ ◆ ◆

例題4 折り目の作図

右の図の四角形 ABCD を，辺 AB が辺 CD 上に重なるように折ったとき，
折り目となる線を作図しなさい。

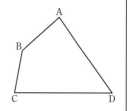

考え方 辺 AB が辺 CD 上に重なるから，2つの直線 AB，CD は折り目となる直線に関して線対称である。

解答 ① AB と CD を延長し，その交点をOとする。

② ∠AOD の二等分線を作図する。

③ ②で作図した直線と辺 BC，AD との交点を P，Q とする。

このとき，線分 PQ は求める折り目の線である。 **終**

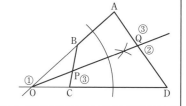

第1章

□**44** 右の図形は線対称な図形である。対称の軸を作図しなさい。

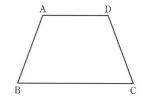

---

45 右の図のような四角形の紙 ABCD を，次のように折ったとき，
折り目となる線を作図しなさい。

■(1) 辺 AB が辺 BC 上に重なる。

■(2) 点Bが点Dに重なる。

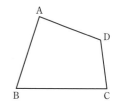

□**46** 右の図の △ABC において，辺 AC，BC 上にそれぞれ点P，Q を
とり，直線 BP を折り目として △ABC を折ると，頂点Aと点Qが重な
るという。

このような点P，Q を作図しなさい。

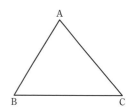

■**47** 左の図のように，3点 A，B，C がある。

このとき，2点 A，B からの距離が等しい点で，さらに，点 C から最も近い点を作図しなさい。

□**48** 左の図の線分 AB を直径とする円を作図しなさい。

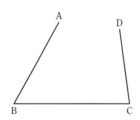

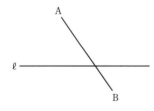

■**49** 左の図のように，3つの線分がある。これらの線分すべてに接する円の中心 O と，線分 BC との接点 E を作図によって求めなさい。

□**50** 左の図のように，線分 AB と直線 ℓ が交わっている。

線分 AB を対角線の1つとし，頂点の1つが ℓ 上にあるひし形を作図しなさい。

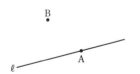

■**51** 左の図の点 A を通り直線 ℓ に垂直な直線と，点 B を通り直線 ℓ に平行な直線との交点 P を，作図によって求めなさい。

例題5 | 図形の移動と作図

右の図は，長さの等しい線分 AB と線分 CD である。点Aが点Cに，点Bが点Dに一致するように線分 AB を回転移動させるとき，回転の中心となる点Oを作図しなさい。

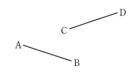

考え方 対応する2点は，回転の中心からの距離が等しいことに注目する。

解答 点Oを中心として線分 AB を回転させたとき，AとC，BとDが一致するから，

$$OA=OC, \quad OB=OD$$

である。

よって，線分 AC と線分 BD の垂直二等分線の交点が回転の中心である。

したがって，次のように作図する。

① 線分 AC の垂直二等分線を作図し，直線 ℓ とする。

② 線分 BD の垂直二等分線を作図し，直線 m とする。

③ 2直線 ℓ，m の交点をOとする。 **終**

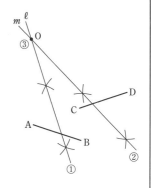

第1章

---

52 右の図のように，線分 AB と点Oがある。

□(1) 線分 AB の中点Mを作図しなさい。

□(2) (1)の点Mを点Oを中心として，時計の針の回転と反対の向きに 45° 回転移動した点Pを作図しなさい。

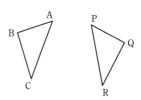

□53 右の図において，△PQR は，△ABC をある直線を軸として対称移動したものである。対称の軸となった直線を作図しなさい。

54 右の図において，線分 AB を直線 ℓ を対称の軸として対称移動した線分を作図しなさい。

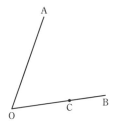

□**55** 左の図のような2つの半直線 OA, OB がある。半直線 OB 上の点Cで OB に接し, さらに, 半直線 OA にも接する円を作図しなさい。

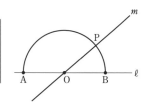

56 左の図で, 2点 A, B は, 直線ℓ上の点であり, 半円Oは, 線分 AB を直径とする半円である。

m は点Oを通る直線で, 点Pは直線mと半円Oとの交点である。このとき, 次の図形を作図しなさい。

□(1) 点Pにおける半円Oの接線

□(2) 線分 OP 上に中心があり, 半円Oと線分 OB に接する円

□**57** 左の図の線分 AB について, ∠CAB=135°, AB=AC である△ABC を作図しなさい。

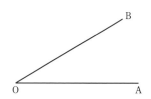

□**58** 左の図のように, 2つの半直線 OA, OB がある。もう1つの半直線 OP を引いたとき, 半直線 OB が ∠POA の二等分線になるように, 半直線 OP を作図しなさい。

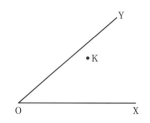

□**59** 左の図のように, ∠XOY と点Kが与えられている。点Kを通る直線をℓとし, ℓが OX, OY と交わる点をそれぞれ A, B とするとき, OA=OB となるような直線ℓを作図しなさい。

〰〰〰〰〰〰〰〰〰〰〰〰〰〰〰〰〰〰〰〰〰〰〰〰〰〰〰〰〰〰〰〰〰〰〰〰〰

ヒント 57 135°＝180°−45° であることを利用する。

58 半直線 OA 上の点を, 半直線 OB を対称の軸として対称移動した点を考える。

4 面積と長さ

基本のまとめ

1 三角形，四角形の面積

① 底辺が a，高さが h である三角形の面積は $\dfrac{1}{2}ah$

② 縦が a，横が b である長方形の面積は ab

③ 底辺が a，高さが h である平行四辺形の面積は ah

④ 上底が a，下底が b，高さが h である台形の面積は $\dfrac{1}{2}(a+b)h$

2 円の面積と周の長さ

半径が r である円の面積を S，周の長さを ℓ とすると

$$S=\pi r^2, \quad \ell=2\pi r \quad (\pi は円周率)$$

3 扇形の弧の長さと面積

半径 r，中心角 $a°$ の扇形の弧の長さを ℓ，面積を S とすると

$$\ell=2\pi r\times\frac{a}{360}, \quad S=\pi r^2\times\frac{a}{360} \quad 特に \ S=\frac{1}{2}\ell r$$

● ● ● 基本問題 ● ● ●

60 三角形，四角形の面積　▶まとめ **1**

次の図形の面積を求めなさい。

□(1)

6cm
9cm
長方形

□(2)

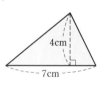

4cm
7cm
三角形

■(3)

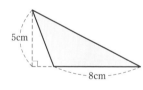

5cm
8cm
三角形

■(4)

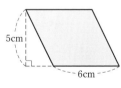

5cm
6cm
平行四辺形

□(5)

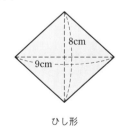

8cm
9cm
ひし形

■(6)

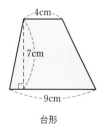

4cm
7cm
9cm
台形

61 円の面積と周の長さ　▶まとめ **2**

次のような円の面積と周の長さを求めなさい。

□(1) 半径が 8 cm の円　　■(2) 半径が $\dfrac{5}{2}$ cm の円　　■(3) 直径が 12 cm の円

62 扇形の面積と弧・周の長さ　▶まとめ 3

次の問いに答えなさい。

■(1) 半径が 4 cm，中心角が 45° の扇形の弧の長さと面積を求めなさい。

□(2) 半径が 10 cm，中心角が 54° の扇形の弧の長さと面積を求めなさい。

■(3) 半径が 6 cm，中心角が 150° の扇形の周の長さと面積を求めなさい。

□(4) 半径が 5 cm，中心角が 216° の扇形の周の長さと面積を求めなさい。

63 扇形や正方形を組み合わせた図形　▶まとめ 1 ②, 2, 3

次の図形は，扇形や正方形を組み合わせたものである。影をつけた部分の周の長さと面積を求めなさい。

□(1)

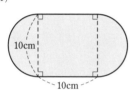

□(2)

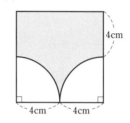

■(3)

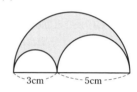

64 扇形の面積　▶まとめ 3

次のような扇形の面積を求めなさい。

■(1) 半径が 10 cm，弧の長さが 8π cm の扇形

□(2) 半径が 7 cm，弧の長さが 6π cm の扇形

■65 四角形の面積　▶まとめ 1 ①

右の図のような長方形 ABCD がある。AE＝3 cm，BF＝5 cm であるとき，四角形 EBFD の面積を求めなさい。

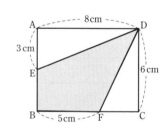

□66 ひもによって囲まれた部分の面積　▶まとめ 1 ②, 2

右の図のように，半径 3 cm の 4 本の缶をひもでたるまないようにしばった。ひもの長さと影をつけた部分の面積を求めなさい。ただし，ひもの結び目は考えない。

例題6	複雑な図形の面積

右の図形は，半円や正方形を組み合わせたものである。
影をつけた部分の周の長さと面積を求めなさい。

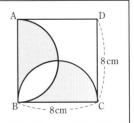

考え方 面積がすぐに求められない場合は，図形をいくつかの部分に分けたり，図形を移動したりして考えるとよい。

解答 求める周の長さは，半円2つの周の長さの和に等しいから

$$2×(8\pi÷2+8)=8\pi+16 \text{ (cm)}$$

正方形の対角線の交点をOとする。

対角線 AC より上の2つの影をつけた部分を，Oを回転の中心として，AとCがBに重なるように回転すると，求める面積は △OAB と △OBC の面積の和に等しくなる。

よって，求める面積は $\dfrac{1}{2}×8×8=32$

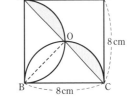

答 周の長さ $(8\pi+16)$ cm，面積 32 cm^2

---

67 次の図形は，扇形や正方形を組み合わせたものである。影をつけた部分の周の長さと面積を求めなさい。

☐(1)

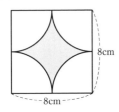

■(2)

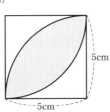

☐(3)

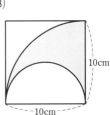

■(4)

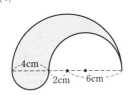

☐(5)

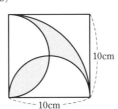

■(6)

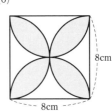

□**68** 右の図のように，1辺の長さが 12 cm である正方形の内部に，1辺の長さが 4 cm である正方形がある。

図の直線 ℓ が，それぞれの正方形の対角線の交点をともに通るとき，影をつけた部分の面積を求めなさい。

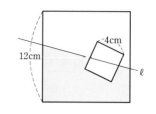

□**69** 右の図において，AB＝AC＝6 cm，∠BAC＝45° で，2つの半円はAB，AC をそれぞれ直径とする半円である。このとき，影をつけた部分の面積を求めなさい。

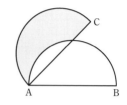

□**70** 右の図において，△ABC は，AB＝8 cm，BC＝10 cm，CA＝6 cm，∠A＝90° で，3つの半円は辺 AB，BC，CA をそれぞれ直径とする半円である。このとき，影をつけた部分の面積を求めなさい。

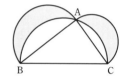

71 右の図のように，扇形 OAB と扇形 OCD がある。

点Aは線分 OD 上にあり，3点B，O，C は一直線上にある。

$\overarc{AB}$ の長さが 2π cm，OB＝8 cm，OC＝12 cm のとき，次のものを求めなさい。

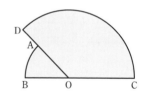

□(1) $\overarc{CD}$ の長さ　　　　　□(2) 影をつけた部分の面積

□**72** 右の図のように，直径 8 cm の6本のパイプをロープでたるまないようにしばりたい。ロープの結び目は考えないものとして，パイプをしばるのに必要なロープの長さを求めなさい。

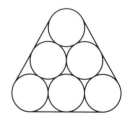

⬦⬦⬦⬦⬦⬦⬦⬦⬦⬦⬦⬦⬦⬦⬦⬦⬦⬦⬦⬦⬦⬦⬦⬦⬦⬦⬦

ヒント **68** 正方形は点対称な図形であることを利用する。

　　　71(1) まず，∠AOB の大きさを求める。1つの円において，扇形の弧の長さは中心角の大きさに比例することを利用する。

例題7 | 線分が通過した部分の面積

AB＝7 cm，BC＝4 cm，∠C＝90° の △ABC がある。Bを回転の中心として △ABC を 360° 回転するとき，辺 AC が通過した部分の面積を求めなさい。

考え方 まず，2点 A，C がどのような図形上を動くかを考える。

解答 辺 AC が通過した部分は，B を中心とする半径 AB の円から，B を中心とする半径 CB の円を除いたものである。
よって，求める面積は

$$\pi \times 7^2 - \pi \times 4^2 = 33\pi$$

答 $33\pi \ \mathbf{cm}^2$

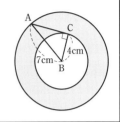

□**73** 右の図の △ABC は，AB＝AC＝8 cm で，A から辺 BC に引いた垂線 AH の長さが 6 cm である。A を回転の中心として △ABC を 360° 回転するとき，辺 BC が通過した部分の面積を求めなさい。

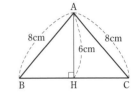

74 半径 2 cm の円 O が，1辺の長さが 12 cm の正方形の辺にそって，すべることなく転がって 1 周する。次の各場合について，点 O が動いてできる線と正方形の辺で囲まれた部分の面積を求めなさい。

□(1) 円が正方形の外側を転がる場合

□(2) 円が正方形の内側を転がる場合

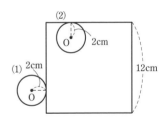

75 半径 1 cm の円 O が，1辺の長さが 5 cm の正三角形の辺にそって，正三角形の外側をすべることなく転がって 1 周する。

□(1) 点 O が動いてできる線の長さを求めなさい。

□(2) 点 O が動いてできる線と正三角形の辺で囲まれた部分の面積を求めなさい。

□**76** 右の図のように，長さが 18 cm の糸 AP をぴんと張り，1辺の長さが 6 cm の正三角形 ABC の頂点 A に一端を固定して，全部を巻きつける。ただし，最初，3点 C，A，P は一直線上にある。
このとき，糸の端 P が通過する部分の長さを求めなさい。また，糸が通過する部分の面積を求めなさい。

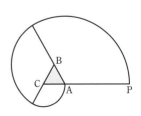

例題8　扇形が動いてできる線の長さ

半径 8 cm，中心角 60° の扇形 OAB がある。この扇形を，線分 OA が直線 ℓ に重なった位置から，線分 OB が ℓ に初めて重なるまで，矢印の方向に ℓ 上をすべらないように回転させる。
このとき，点Oが動いてできる線の長さを求めなさい。

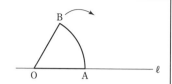

考え方　場合を分けて考える。扇形の弧 AB が ℓ 上を動く場合，点Oと ℓ の距離は一定である。

解答　扇形 OAB は，右の図のように動く。

①と③の部分は，半径 8 cm，中心角 90° の扇形の弧で，その長さはそれぞれ

$$2\pi \times 8 \times \frac{90}{360} = 4\pi \ (\text{cm})$$

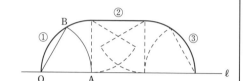

また，扇形の弧が直線 ℓ に接しながら動くとき，点O と ℓ の距離は一定であるから，②の部分は ℓ に平行な線分である。

その長さは，扇形の弧 AB の長さに等しいから　$2\pi \times 8 \times \dfrac{60}{360} = \dfrac{8}{3}\pi \ (\text{cm})$

よって，求める長さは　$4\pi \times 2 + \dfrac{8}{3}\pi = \dfrac{32}{3}\pi$　　**答** $\dfrac{32}{3}\pi$ **cm**

77　右の図のように，半径 6 cm の半円Oが，直線 ℓ 上をすべることなく1回転して，半円 O′ の位置に止まった。

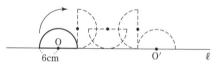

□(1)　点Oが動いてできる線の長さを求めなさい。

□(2)　点Oが動いてできる線と直線 ℓ で囲まれた部分の面積を求めなさい。

78　AB=5 cm，AC=8 cm，∠B=90° の △ABC がある。右の図で，△APQ は，△ABC をAを回転の中心として，時計の針の回転と反対の向きに 90° 回転移動したものである。

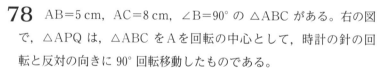
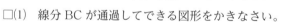

□(1)　線分 BC が通過してできる図形をかきなさい。

□(2)　(1)の図形の面積を求めなさい。

□**79**　右の図のように，半径 2 cm の2つの円 A，B が接している。これら2つの円の周りを，半径 2 cm の円Oがすべることなく転がって1周する。円Oの中心が動いてできる線の長さを求めなさい。

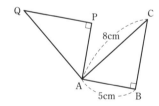
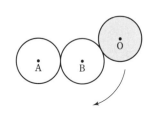

章 末 問 題

□**1**　△ABC をもとにして，次の条件を満たす △ABD を作図すること
になった。

　　[1]　辺 AD の長さと辺 BD の長さは等しい。

　　[2]　点Dは △ABC の内部にあり，点Dと辺 AB の距離は，点Dと
　　　　辺 BC の距離に等しい。

(1)　条件 [1] を満たす点Dは，どのような直線上にあるか。

(2)　条件 [2] を満たす点Dは，どのような直線上にあるか。

(3)　△ABD の頂点Dを作図しなさい。

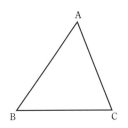

□**2**　AB を直径とする半円上に点Cがある。図のように AC で折り曲げ
たとき，弧 AC が AB の中点Oを通った。

　　AB＝12 cm のとき，図の影をつけた部分の面積を，次のように求めた。

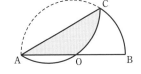

(1)　点Oに重なる半円上の点をDとすると，△DAO は正三角形である
　　ことを説明しなさい。

(2)　線分 OD と線分 AC の交点をEとすると，弧 OC を周の一部とする図形 EOC の面積と，弧 DA
　　を周の一部とする図形 EDA の面積が等しいことを説明しなさい。

(3)　求める図形の面積は扇形 ▨ｱ[　　　] の面積と等しいから，ｲ[　　] cm² である。

□**3**　AB＝6 cm，BC＝8 cm，CA＝10 cm，∠ABC＝90° の直角三角形
ABC がある。Bを回転の中心として △ABC を 360° 回転するとき，
線分 AC が通過する部分の面積を求める方法を考えよう。

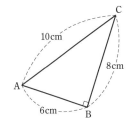

(1)　線分 AC 上の点のうち，点Bとの距離が最大となる点は点 ｱ[　　]
　　で，その最大距離は ｲ[　　] cm である。

(2)　線分 AC 上の点のうち，点Bとの距離が最小となる点をHとすると，Hはどのような点か説明し
　　なさい。

(3)　最小距離 BH を求める方法を説明し，BH の長さを求めなさい。

(4)　線分 AC が通過する部分の面積を求めなさい。

第1章　章末問題　27

第2章　空間図形

1　いろいろな立体

基本のまとめ

1　角錐，円錐

右の図の (ア)，(イ) のような立体を **角錐** といい，(ウ) のような立体を **円錐** という。

2　多面体

平面だけで囲まれた立体を **多面体** という。

正多面体は，正四面体，正六面体（立方体），正八面体，正十二面体，正二十面体の 5 種類しかない。

(ア) 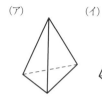　　(イ) 　　(ウ)

●●● 基本問題 ●●●

1　いろいろな立体　　▶まとめ**1**

下の図から，次の各立体を選び，それぞれ記号で答えなさい。

□(1)　角柱　　　　□(2)　角錐　　　　□(3)　円錐　　　　□(4)　円柱

① 　② 　③ 　④ 　⑤ 　⑥

2　正多面体　　▶まとめ**2**

次の各立体は正多面体である。立体の名前を答えなさい。

□(1) 　　　　□(2) 　　　　□(3)

3　多面体の頂点，辺，面　　▶まとめ**2**

次の多面体について，（頂点の数）−（辺の数）+（面の数）を計算しなさい。

□(1)　四角錐　　　　　□(2)　立方体　　　　　□(3)　正四面体

2 空間における平面と直線

基本のまとめ

1 平面の決定

同じ直線上にない3点を含む平面はただ1つある。

2 2直線の位置関係

空間における2直線の位置関係は

  [1]　1点で交わる
  [2]　平行である   } 2直線は同じ平面上にある

  [3]　ねじれの位置にある
      … 2直線は同じ平面上にない

3 直線と平面の位置関係

① 空間における直線 ℓ と

平面 P の位置関係は

  [1]　ℓ が P に含まれる

  [2]　1点で交わる

  [3]　交わらない（平行）

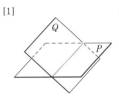

② 平面 P と直線 ℓ が点Oで交わるとき，ℓ がOを通る P 上の2直線に垂直ならば，直線 ℓ と平面 P は垂直である。

4 2平面の位置関係

① 異なる2平面 P, Q の位置関係は

  [1]　交わる

  [2]　交わらない（平行）

② 平行な2平面に1つの平面が交わるとき，2本の交線は平行である。

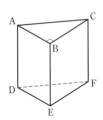

● ● ● 基本問題 ● ● ●

4 平面の決定   ▶ まとめ **1**

次の中から，平面がただ1つに決まる場合をすべて選びなさい。

① 異なる3点 A, B, C を含む。   ② 交わる2つの直線 ℓ, m を含む。

③ 異なる2つの直線 ℓ, m を含む。   ④ 平行な2つの直線 m, n を含む。

5 2直線の位置関係   ▶ まとめ **2**

右の図は，底面が直角三角形の三角柱である。各辺を延長した直線について，次のような位置関係にある直線を，それぞれすべて答えなさい。

(1)　直線 AD と平行な直線

(2)　直線 BC と垂直に交わる直線

(3)　直線 DF とねじれの位置にある直線

□6　2直線の位置関係　　▶まとめ 2

空間内の異なる3つの直線 ℓ, m, n について，次の中からつねに正しい記述を選びなさい。

① ℓ と m が同じ平面上にあるとき，$\ell /\!/ m$ である。

② $\ell /\!/ m$，$m /\!/ n$ のとき，$\ell /\!/ n$ である。

③ $\ell \perp m$，$m /\!/ n$ のとき，$\ell \perp n$ である。

7　直線と平面の位置関係　　▶まとめ 3

右の図のような，AD$/\!/$BC の台形を底面とする四角柱において，次のような直線を，それぞれすべて答えなさい。

■(1)　平面 BCGF と平行な直線

■(2)　平面 ABCD と垂直な直線

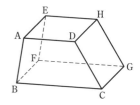

■**8**　直線と平面の位置関係　　▶まとめ 3

空間内の2つの直線 ℓ, m と平面 P について，次の中からつねに正しい記述を選びなさい。ただし，ℓ, m は平面 P 上にない直線である。

① $\ell /\!/ m$，$\ell /\!/ P$ のとき，$m /\!/ P$ である。

② $\ell /\!/ m$，$\ell \perp P$ のとき，$m \perp P$ である。

③ $\ell /\!/ P$，$m /\!/ P$ のとき，$\ell /\!/ m$ である。

9　2平面の位置関係　　▶まとめ 4 ①

右の図は，直方体を半分にした立体である。各面を含む平面について，次のような位置関係にある平面を，それぞれすべて答えなさい。

■(1)　平面 ABC と平行な平面

□(2)　平面 ABED と垂直な平面

■(3)　平面 DEF と垂直な平面

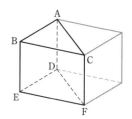

10　交線の性質　　▶まとめ 4 ②

右の図は，正六角柱を底面に平行でない1つの平面で切ったものである。

■(1)　六角形 ABCDEF の各辺を延長した直線について，直線 DE と平行な位置関係にある直線を答えなさい。

□(2)　直線 BC が正六角柱の底面 GHIJKL と平行であるとき，この立体の各辺を延長した直線について，直線 EF と平行な位置関係にある直線をすべて答えなさい。

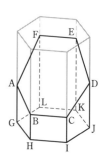

◆ ◆ ◆ 標準問題 ◆ ◆ ◆

例題 1 2直線の位置関係

右の図のような正六角柱 ABCDEF-GHIJKL において，2点 B，J を通る直線 BJ と2点 F，K を通る直線 FK は，どのような位置関係にあるか答えなさい。

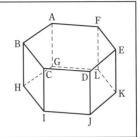

考え方 ▶ まず，2直線が同じ平面上にあるかどうかを調べる。それには，一方の直線を含む平面上に他方の直線が含まれるかどうかを考えればよい。

解答 ▶ 直線 BJ を含む平面 BJK 上に，直線 FK は含まれない。
よって，直線 BJ と直線 FK は同じ平面上にない。
したがって，**2直線 BJ，FK はねじれの位置にある。** 答

□ **11** 同じ平面上にない異なる4点 A，B，C，D がある。これらの点によって決まる異なる平面は，全部でいくつあるか答えなさい。

ただし，4点 A，B，C，D のどの3点も同じ直線上にないものとする。

12 右の図の正六角柱の各辺を延長した直線について，次の問いに答えなさい。

▨(1) 直線 BC とねじれの位置にある直線をすべて答えなさい。

□(2) 平面 ABCDEF と垂直な直線は何本あるか答えなさい。

□(3) 平面 AGJD と平行な直線をすべて答えなさい。

▨(4) 2点 A，I を通る直線と2点 E，J を通る直線の位置関係を答えなさい。

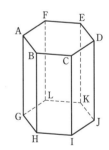

□ **13** 立方体 ABCDEFGH において，3点 A，C，F を通る平面と2点 E，G を通る直線の位置関係を答えなさい。

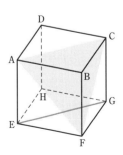

◇◇◇◇◇◇◇◇◇◇◇◇◇◇◇◇◇◇◇◇

ヒント 13 AC∥EG であることに注目する。

3 立体のいろいろな見方

基本のまとめ

1 面が動いてできる立体

① 1つの多角形や円を，それと垂直な方向に一定の距離だけ動かすと立体ができる。

② 円柱や円錐のように1つの図形を，その平面上の直線 ℓ の周りに1回転させてできる立体を **回転体** といい，直線 ℓ を **回転の軸** という。このとき，円柱や円錐の側面をえがく線分を，円柱や円錐の **母線** という。

2 立体の切断

① 多面体を1つの平面で切った切り口には，多面体の面上に辺をもつ多角形が現れる。

② 立方体を1つの平面で切った切り口には，立方体の面は6つであるから，三角形，四角形，五角形，六角形のいずれかが現れる。

3 投影図

立体を正面から見た図を **立面図**，真上から見た図を **平面図** といい，これらをまとめて表したものを **投影図** という。

4 展開図

① 展開図からもとの立体を調べる場合，立体の見取図をかいて，次の点に注意して考えるとよい。

　[1] 重なる点や辺　　　　　　　　[2] 面や辺の位置関係

② 円柱と円錐の展開図において，次のことがいえる。

円柱　（側面の長方形の横の長さ）＝（底面の円周の長さ）

円錐　（側面の扇形の半径）＝（円錐の母線の長さ）

　　　（側面の扇形の弧の長さ）＝（底面の円周の長さ）

円錐の展開図

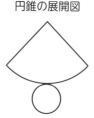

●　●　●　基本問題　●　●　●

14 面が動いてできる立体　　▶まとめ **1** ①

次のように図形を動かしてできる立体は，どのような立体と見ることができるか答えなさい。

▢(1)　1辺の長さが 4 cm の正三角形を，それと垂直な方向に 9 cm だけ動かしてできる立体

▢(2)　1辺の長さが 3 cm の正五角形を，それと垂直な方向に 10 cm だけ動かしてできる立体

15 回転体　　▶まとめ **1** ②

右の図形を，直線 ℓ を軸として1回転させた回転体の見取図をかきなさい。

▢(1)　　　　　　▢(2)

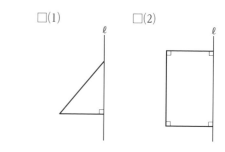

16 立方体の切断　▶まとめ 2 ②

立方体 ABCDEFGH の辺 AB，AD の中点をそれぞれ M，N とする。また，右の図のような位置に点 I，J をとる。この立方体を，次のような平面で切るとき，その切り口は何角形になるか答えなさい。

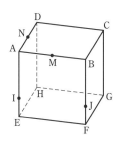

- ☐(1)　3点 M，N，I を通る平面
- ☐(2)　3点 M，N，F を通る平面
- ☐(3)　3点 M，N，G を通る平面
- ☐(4)　3点 M，N，J を通る平面

17 投影図　▶まとめ 3

次の投影図で表される立体の見取図をかきなさい。

☐(1)

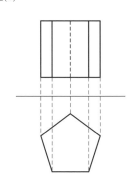

☐(2)

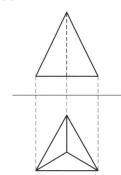

☐(3)

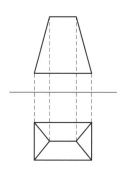

18 展開図　▶まとめ 4 ①

次の図は，ある立体の展開図である。この展開図を組み立ててできる立体の名前を答えなさい。

☐(1)

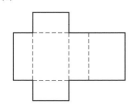

☐(2)

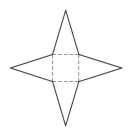

☐(3)

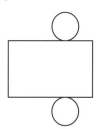

19 展開図　▶まとめ 4 ①

右の図は，正四面体の展開図である。この展開図を組み立ててできる正四面体について，次の問いに答えなさい。

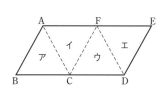

- ☐(1)　点Aに重なる点はどれか答えなさい。
- ☐(2)　辺 DE に重なる辺はどれか答えなさい。
- ☐(3)　点Eに集まる面をア～エからすべて選びなさい。

例題2 回転体

右の図の長方形 ABCD を，その対角線 AC を軸として 1 回転させた回転体の見取図をかきなさい。

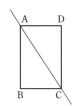

考え方 回転体を，その軸を含む平面で切った切り口は，回転軸を対称の軸とする線対称な図形になる。軸の両側にある図形を，一方の側に集めて考える。

解答 △ACD を直線 AC を対称の軸として対称移動すると，右の図 [1] のようになる。
したがって，この図形を，直線 AC を軸として 1 回転させればよいから，求める回転体の見取図は，右の図 [2] のようになる。 **答**

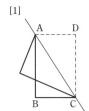
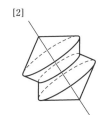

20 次の図形を，直線 ℓ を軸として 1 回転させた回転体の見取図をかきなさい。

□(1)　　　　　　　　□(2)　　　　　　　　□(3)　　　　　　　　■(4)

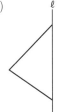
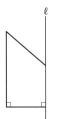
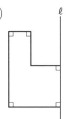

平行四辺形で，ℓ は
対角線の交点を通る。

21 右の図の立方体において，点 M，N はそれぞれ辺 BC，BF の中点である。この立方体を次の 3 点を通る平面で切るとき，その切り口はどのような図形になるか答えなさい。

■(1)　A, C, H を通る平面　　　　■(2)　M, N, D を通る平面

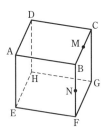

□**22** 右の図の直方体は，AB＝BC，AB＜BF である。この直方体を線分 AC を含む平面で切るとき，切り口はどのような図形が考えられるか。次の ① ～ ⑥ から考えられるものをすべて選びなさい。

① 二等辺三角形　　　② 直角三角形　　　③ 台形
④ 正三角形　　　　　⑤ 長方形　　　　　⑥ 五角形

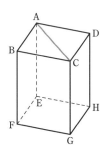

□23　下の ① ～ ④ は，それぞれある立体の投影図である。どの立体も底面に平行または垂直な面で囲まれている。① ～ ④ の投影図で表される立体の中で，面の数が最も多いものを番号で答えなさい。

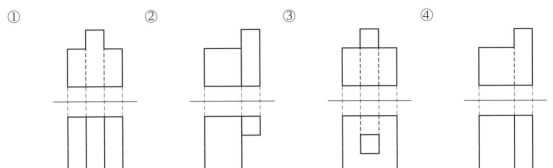

①　　　　　　　②　　　　　　　③　　　　　　　④

24　右の図は，正八面体の展開図である。この展開図を組み立ててできる正八面体について，次の問いに答えなさい。

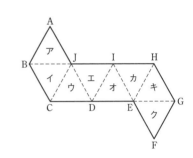

■(1)　点Aに重なる点を答えなさい。

■(2)　辺 DE に重なる辺を答えなさい。

■(3)　面エと平行になる面を答えなさい。

□25　右の図の実線は，立方体の展開図を途中までかいたものである。この図に正方形を1つかき加えて，立方体の展開図を完成させるとき，図の点線で示された位置のどこに正方形を加えればよいか，すべての場合を答えなさい。

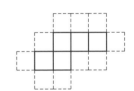

□26　右の図の展開図について，次の空欄をうめなさい。

この展開図を組み立てると，正 ［ア ＿＿＿＿ ］になり，この立体は

［イ ＿＿ ］個の正三角形の面で囲まれている。

この立体の頂点の数を求めよう。1つの正三角形の頂点の数は

3個だから，［イ ＿＿ ］個の正三角形の頂点の数の合計は ［ウ ＿＿ ］個

になる。この立体の1つの頂点には5つの面が集まっているから，1つの頂点には正三角形の頂点が

［エ ＿＿ ］個重なっている。よって，この立体の頂点の数は ［ウ ＿＿ ］÷［エ ＿＿ ］＝［オ ＿＿ ］個である。

同じようにして，この立体の辺の数を求めよう。［イ ＿＿ ］個の正三角形の辺の数の合計は ［カ ＿＿ ］本になる。この立体の1本の辺には，正三角形の辺が ［キ ＿＿ ］本重なっているから，この立体の辺の数は

［カ ＿＿ ］÷［キ ＿＿ ］＝［ク ＿＿ ］本である。

例題3 展開図

右の図 [1] のように，立方体の頂点を結んで3本の線がかき込まれている。図 [2] は，この立方体の展開図である。残りの1本の線を，図 [2] の展開図に示しなさい。

[1] 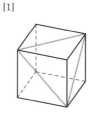 [2]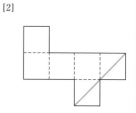

考え方 立方体の各頂点が，展開図のどの頂点に一致するかを考える。

解答 右の図1のように，立方体の頂点を決めたとき，その展開図の頂点は図2のようになる。
図2における正方形 ABFE に，残りの線分 AF をかき加えればよいから，求める線は，図2の線分 AF である。 **終**

図1 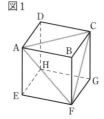 図2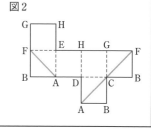

□**27** さいころは向かい合う面の目の数の和が7になるように，1から6の目が配列されて作られている。さいころの展開図として正しいものを，次の ① ～ ④ からすべて選びなさい。

① 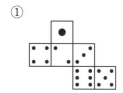   ② 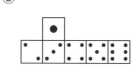   ③ 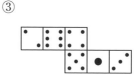   ④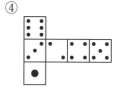

28 右の図は，直方体の展開図である。この展開図を組み立てるとき，次の問いに答えなさい。

ただし，(2)，(3) は展開図の中の辺で答えること。

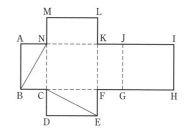

□(1) 線分 BN に平行な線分を示しなさい。

□(2) 線分 CE と垂直に交わる辺をすべて答えなさい。

□(3) 辺 AB とねじれの位置にある辺をすべて答えなさい。

□**29** 右の図のような正四面体 ABCD と，その展開図がある。正四面体の頂点Bから，辺 AC を通って点Dまで図のようにひもをかけるとき，ひもの長さが最も短くなるような点Eの位置を，展開図に示しなさい。

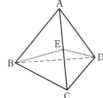 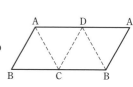

□**30** 右の図は，正三角形と正八角形からつくられる多面体の展開図である。この展開図を組み立ててできる立体について，その頂点の数と辺の数を求めなさい。

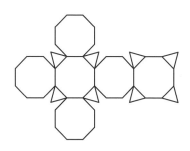

□**31** 右の展開図を組み立てると直方体ができる。この直方体を，図の3点 A，B，C を通る平面で切るとき，切り口はどのような図形になるか答えなさい。

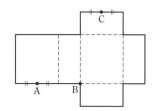

32 厚紙で1辺の長さが 6 cm の立方体 ABCDEFGH を作った。この立方体を，頂点Fを下にして，頂点 E，G が水面にくるまでインクを混ぜた水につけ，真上に引き上げると，インクがついた部分は，右の図の影をつけた部分になった。このとき，PBの長さは 3 cm であった。

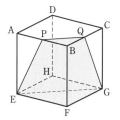

□(1) BQ の長さを求めなさい。

□(2) インクがついた部分を，右下の立方体 ABCDEFGH の展開図に斜線で示しなさい。

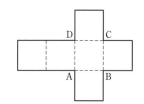

33 1辺の長さが 4 cm の正四面体 ABCD がある。右の図のように，辺 BC，CA，AD，DB 上の点 P，Q，R，S を線分で結ぶ。

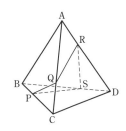

□(1) 点 P，Q，R，S が各辺 BC，CA，AD，DB をそれぞれ 1：2 に分けているとき，それらの線分を右下の展開図に示しなさい。P，Q，R，S も示すこと。

□(2) 4つの線分の長さの和が最小になるのはどのようなときか答えなさい。また，その最小の値を求めなさい。

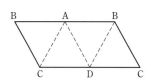

4 　立体の表面積と体積

基本のまとめ

1 立体の表面積

　立体の，すべての面の面積の和を **表面積**，1つの底面の面積を **底面積**，側面全体の面積を **側面積** という。表面積は，展開図で考えるとわかりやすいことが多い。

2 立体の体積

　① **角柱と円柱の体積** 底面積が S，高さが h のとき体積 V は　$V = Sh$

　② **角錐と円錐の体積** 底面積が S，高さが h のとき体積 V は　$V = \dfrac{1}{3}Sh$

3 球の表面積と体積

　半径が r の球の表面積を S，体積を V とすると　　$S = 4\pi r^2$，　$V = \dfrac{4}{3}\pi r^3$

●　●　● 基本問題 ●　●　●

34 四角柱の表面積　　▶まとめ **1**

　底面が縦 7 cm，横 4 cm の長方形で，高さが 6 cm の四角柱について，次の問いに答えなさい。

□(1)　側面積を求めなさい。　　　　　　　　　□(2)　表面積を求めなさい。

35 円錐の表面積　　▶まとめ **1**

　底面の半径が 5 cm，母線の長さが 9 cm である円錐について，次の問いに答えなさい。

■(1)　表面積を求めなさい。　　　　　　　　　■(2)　側面となる扇形の中心角を求めなさい。

36 立体の体積　　▶まとめ **2**

　次の立体の体積を求めなさい。

□(1)　　　　　　　■(2)　　　　　　　□(3)　　　　　　　■(4)

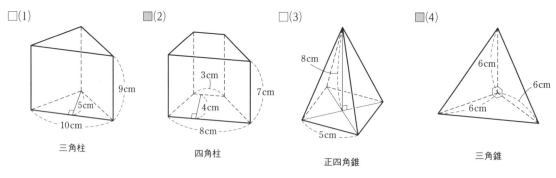

　　三角柱　　　　　　　　四角柱　　　　　　　　正四角錐　　　　　　　三角錐

□**37** 円柱と円錐の体積　　▶まとめ **2**

　底面の直径が 6 cm，高さが 5 cm の円錐と，底面の直径が 6 cm，高さが 10 cm の円柱がある。円柱の体積は，円錐の体積の何倍であるか答えなさい。

38 立体の表面積と体積　▶まとめ **1**, **2**

次の立体の表面積と体積を求めなさい。

□(1)

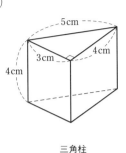

三角柱

■(2)

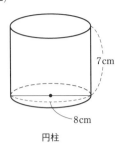

円柱

■(3)

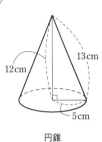

円錐

39 球の表面積と体積　▶まとめ **3**

次のような球の表面積と体積を求めなさい。

■(1)　半径が 6 cm

□(2)　直径が 3 cm

40 回転体の体積　▶まとめ **2**, **3**

右の図形を，直線 ℓ を軸として 1 回転させてできる
立体の体積を求めなさい。

□(1)

■(2)

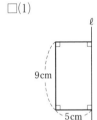

41 投影図と立体の体積　▶まとめ **2**, **3**

右の投影図で表される立体の体積を
求めなさい。

■(1)

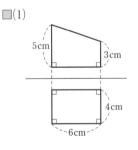

□(2)

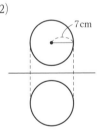

42 立体の表面積と体積　▶まとめ **1**, **2**

右の図の立体の表面積と体積を求めなさい。
(1)は円柱と円錐を組み合わせた立体，(2)は円
柱の一部で，底面が扇形の立体である。

■(1)

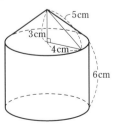

□(2)

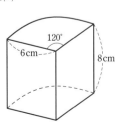

◆ ◆ ◆ 標準問題 ◆ ◆ ◆

例題4　体積の求め方の工夫

右の図は，∠ABC＝∠DEF＝90° である 2 つの直角三角形を底面と
する三角柱で，点 P，Q はそれぞれ，辺 AD，BE の中点である。
このとき，点 C，P，Q，D，E，F を頂点とする立体の体積を求めな
さい。

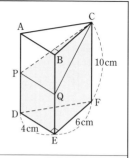

考え方　体積が直接求められない場合には，立体をいくつかの部分に分けたり，大きい立体を考えて，そこから
余分な立体を除いたりして考えるとよい。

解答　C，P，Q，D，E，F を頂点とする立体は，三角柱 ABCDEF から，点 A，B，C，P，Q を頂点とする
立体を除いたものである。

三角柱の体積は　　$\frac{1}{2} \times 4 \times 6 \times 10 = 120$ (cm³)

点 A，B，C，P，Q を頂点とする立体は，底面を長方形 ABQP，頂点を C とする四角錐であるから，

その体積は　　　　$\frac{1}{3} \times 4 \times 5 \times 6 = 40$ (cm³)

よって，求める立体の体積は　　$120 - 40 = 80$

答　80 cm³

□**43**　右の図は，1 辺の長さが 8 cm の立方体で，図のように AP＝2 cm，
BQ＝4 cm，CR＝3 cm となる点 P，Q，R を立方体の辺上にとる。この
立方体から，4 点 B，P，Q，R を頂点とする三角錐を切り取るとき，残
りの立体の体積を求めなさい。

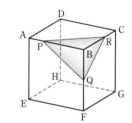

■**44**　右の図のような，底面が直角三角形である三角柱 ABCDEF にお
いて，P は辺 BC 上の点で，BP＝2PC である。
この三角柱を平面 APE で切るとき，A，P，C，D，E，F を頂点と
する立体の体積を求めなさい。

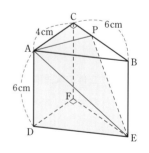

ヒント　44　BC＝6 cm，BP＝2PC より　BP＝4 cm である。

40　第2章　空間図形

例題5	回転体の体積

右の図のような台形 ABCD を，辺 DC を軸として 1 回転させてできる立体の体積を求めなさい。

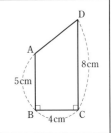

考え方 できる立体を，2 つの部分に分けて考える。

解答 できる立体は，右の図のような，

底面の半径が 4 cm，高さが 5 cm の円柱と，

底面の半径が 4 cm，高さが 3 cm の円錐

を合わせたものになる。

したがって，求める体積は

$$\pi \times 4^2 \times 5 + \frac{1}{3} \times \pi \times 4^2 \times 3 = 96\pi$$

答 96π cm^3

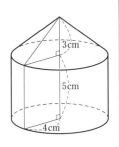

□**45** 右の図のような △ABC を，辺 AB を軸として 1 回転させてできる立体の体積を V cm^3，辺 BC を軸として 1 回転させてできる立体の体積を V' cm^3 とする。このとき，V は V' の何倍であるか求めなさい。

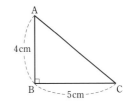

□**46** 右の図のような台形 ABCD を，辺 DC を軸として 1 回転させてできる立体の体積を求めなさい。

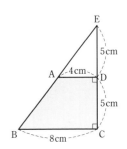

47 右の図のような △ABC，台形 ABCD を，それぞれ直線 ℓ を軸として 1 回転させてできる立体の体積を求めなさい。

□(1)

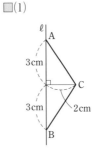

□(2)

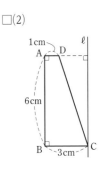

48 次の投影図で表される立体の体積を求めなさい。

ただし，(3)は直方体を1つの平面で切った立体とする。

■(1)

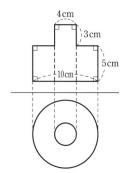

■(2)

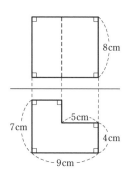

■(3)

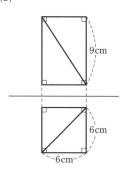

49 1辺の長さが8cmの立方体 ABCDEFGH がある。この立方体の各面の対角線の交点を頂点とする正八面体の体積を求めなさい。

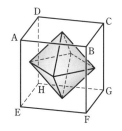

50 AB＝6cm，AD＝12cm，AE＝10cm の直方体 ABCDEFGH がある。右の図で，点 I，J はそれぞれ辺 AD，BC の中点で，点 K，L はそれぞれ辺 EH，FG 上の点で，EK＝2KH，FL＝2LG である。このとき，A，B，J，I，K，L，G，H を頂点とする立体の体積を求めなさい。

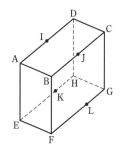

51 底面の半径が4cmの円錐を，右の図のように平面Q上に置く。この円錐を，頂点Oを固定し，Q上をすべることなく転がすと，ちょうど5回転したところでもとの位置に戻ってきた。

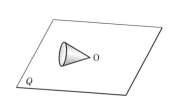

■(1) 円錐の底面の円がQ上にえがいた曲線の長さを求めなさい。

■(2) 円錐の側面がQ上にえがいた図形の面積を求めなさい。

■(3) 円錐の表面積を求めなさい。

◇◇◇◇◇◇◇◇◇◇◇◇◇◇◇◇◇◇◇◇

ヒント **51**(1) 底面の周上の点が動いた距離と，求める曲線の長さは等しい。

例題6 容器に入った水の量

右の図1のように，底面が
DE＝EF＝12 cm の直角二等辺三角形で，
高さが 6 cm の三角柱の容器が水平に置い
てあり，これに深さ 5 cm まで水が入れて
ある。この容器を静かに傾けて水をこぼし
ていき，図2のように水面が3点B，C，
D を通る状態で止めた。
このときまでにこぼれた水の量を求めなさい。

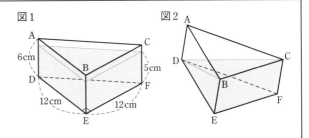

図1   図2

考え方 水の量を，角柱や角錐の体積として求める。

解答 初めの水の量は，底面が △DEF，高さが 5 cm の三角柱の体積に等しいから

$$\frac{1}{2} \times 12 \times 12 \times 5 = 360 \ (\text{cm}^3)$$

残った水の量は，底面が長方形 BEFC，高さが DE＝12 cm の四角錐の体積に等しいから

$$\frac{1}{3} \times 6 \times 12 \times 12 = 288 \ (\text{cm}^3)$$

したがって，こぼれた水の量は　360－288＝72

答 **72 cm³**

第2章

□**52** 右の図のように，底面の半径が 4 cm，高さ
が 5 cm の円柱形の容器Aと，底面の半径が
5 cm，高さが 6 cm の円錐形の容器Bがある。
容器Aを水でいっぱいに満たし，その水を容器B
に注いで，Bをいっぱいに満たす。
このとき，容器Aに残った水の深さを求めなさい。

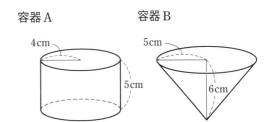

容器A   容器B

□**53** 右の図のように，直径 AB が 8 cm の半円の周上に点Cをとり，C
から AB に垂線 CH を引く。
CH＝3 cm のとき，図の影をつけた部分を直線 AB を軸として1回転さ
せてできる立体の体積を求めなさい。

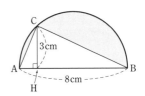

ヒント 53 線分 AH，BH の長さはわからないが，AH＋BH＝8 cm であることが利用できる。

54 1辺の長さが 4 cm の正方形 ABCD があり，辺 AD の中点を M とする。
△ACM を辺 AM を軸として1回転させてできる立体の体積を V cm³，
△ACM を辺 BC を軸として1回転させてできる立体の体積を V' cm³
とする。

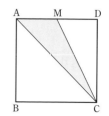

□(1) V の値を求めなさい。

□(2) $V : V'$ を最も簡単な整数の比で表しなさい。

□**55** 底面の半径が 4 cm，高さが 9 cm の円柱形の筒を，右の図のように
片側が 7 cm のところで切ったとき，この立体の側面積を求めなさい。

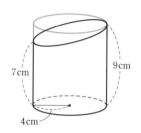

56 図1のような1辺の長さが 12 cm の正方形の紙 ABCD がある。この正方形を図2のように折り
曲げて，図3のような四面体 DEGF を作りたい。ただし，点Gは A，B，C が集まった点とする。

図1
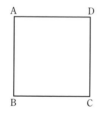

図2
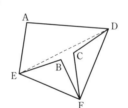

図3
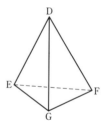

□(1) 四面体 DEGF の体積を求めなさい。

□(2) 四面体 DEGF の底面を △DEF としたときの高さを求めなさい。

□**57** 図1は，1辺の長さが 1 cm の立方体7個か
らなる立体で，図2は，その立体を伸縮性のある
ラップで包んでできる立体である。
図2の立体の体積を求めなさい。

図1
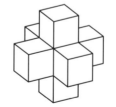

図2

ヒント 55 合同な立体を2つ重ねた図形を考える。

例題7　複雑な立体の体積

1辺の長さが 12 cm である立方体 ABCDEFGH を，2点 A，G を通る平面 Z で切ったところ，その切り口は辺 BF，DH とそれぞれ点 P，Q で交わり，BP＝8 cm，DQ＝4 cm であった。

このとき，A，P，G，Q，C を頂点とする立体の体積を求めなさい。

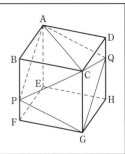

考え方　平面 Z によって，立方体は等しい 2 つの立体に切断されることを利用する。

解答　平面 Z によって，立方体は等しい 2 つの立体に切断されるから，頂点 C を含む方の立体の体積は，立方体の体積の半分で　$(12×12×12)×\dfrac{1}{2}=864$ (cm³)

A，P，G，Q，C を頂点とする立体は，この立体から 2 つの三角錐 PABC，QACD を除いたものであるから，求める体積は

$$864-\dfrac{1}{3}×\left(\dfrac{1}{2}×12×12\right)×8-\dfrac{1}{3}×\left(\dfrac{1}{2}×12×12\right)×4=576$$　**答**　**576 cm³**

第2章

□**58**　AB＝4 cm，AD＝5 cm，AE＝6 cm の直方体 ABCDEFGH がある。

点 P，Q，R はそれぞれ辺 AE，BF，CG 上の点で，

$AP=\dfrac{1}{2}PE$，$BQ=2QF$，$CR=\dfrac{1}{2}RG$ である。このとき，P，Q，R，D，

E，F，G，H を頂点とする立体の体積を求めなさい。

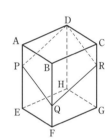

□**59**　右の図は，1辺の長さが 12 cm の立方体の展開図である。

図の影をつけた部分を切り落とすとき，残った立体の体積を求めなさい。ただし，図において長さの単位は cm とする。

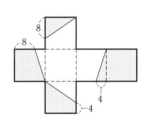

□**60**　右の図は，∠ABC＝∠DEF＝90° の 2 つの直角三角形 ABC，

DEF を底面とする三角柱で，点 P，Q，R，S はそれぞれ辺 AC，BC，AD，BE の中点である。このとき，PQ∥AB であり，AB：PQ＝2：1 である。AB＝2 cm，BC＝4 cm，BE＝6 cm のとき，P，Q，C，R，S，D，E，F を頂点とする立体の体積を求めなさい。

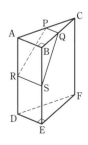

<hr>

◇◇◇◇◇◇◇◇◇◇◇◇◇◇◇◇◇◇◇◇◇◇◇◇◇◇◇◇◇◇◇◇◇

ヒント　**60**　まず，A，B，Q，P，R，S を頂点とする立体の体積を求める。

章 末 問 題

□**1** 異なる立体 A, B, C, D は右の図の立体①, ②, ③, ④ の
いずれかである。

立体の切り口に関する次の 4 つの事柄から, 立体 A, B, C, D
が ①, ②, ③, ④ のどの立体であるか調べなさい。

[1] 立体Aをある平面で切断すると, その切り口は円になった。

[2] 立体Bをある平面で切断すると, その切り口は四角形にな
った。

[3] 立体 B, C, D をある平面で切断すると, その切り口は三
角形になった。

[4] 立体Dをある平面で切断すると, その切り口は五角形にな
った。

① 円錐　　② 三角錐

③ 円柱　　④ 立方体

□**2** 右の図のように, 高さが 16 cm で, 底面から 10 cm の部分まで
円柱になっている容器がある。この容器に水を 200 cm³ 入れると,
水の高さは 5 cm になった。次に, 容器のふたを締めて逆さにして
立てると, 水の高さは 7 cm になった。容器の厚みは考えないもの
として, この容器の容量を求めよう。

(1) 水を 200 cm³ 入れたときの水の高さから, この容器の底面積は
　　□ cm² である。

(2) この容器の水が入っていない部分の容量は, 逆さにしたときの水が入っていない部分の容量に等
しいから □ cm³ である。

(3) この容器の容量は □ cm³ である。

□**3** 多面体の頂点の数と辺の数を計算で求める方法を調べよう。

(1) 正八面体の面の数は ᵃ□ である。1 つの面の頂点の数は ᶦ□ であるか
ら, 8 つの面の頂点の数の合計は ᵘ□ である。正八面体の 1 つの頂点には
4 つの面が集まっているから, 4 つの頂点が重なっている。

よって, 正八面体の頂点の数は ᵉ□ である。

(2) 正八面体の 1 つの面の辺の数は ᵒ□ であるから, 8 つの面の辺の数の合計は ᵏ□ である。

正八面体の 1 つの辺には 2 つの面が集まっているから, 2 つの辺が重なっている。

よって, 正八面体の辺の数は ᵏ□ である。

(3) 正十二面体の各面は正五角形である。正十二面体の頂点の数と辺の数を求めなさい。

(4) 多面体の頂点の数を v, 辺の数を e, 面の数を f とする。

正八面体と正十二面体について, $v-e+f$ の値を求めなさい。

第3章	図形の性質と合同

1 平行線と角

━━ 基本のまとめ ━━

1 **対頂角**

① 2直線が交わるとき, 向かい合っている2つの角を **対頂角** という。

② 対頂角は等しい。

2 **同位角と錯角**

右の図で, $\angle a$ と $\angle b$ のような位置関係にある角を **同位角** といい, $\angle b$ と $\angle c$ のような位置関係にある角を **錯角** という。

3 **平行線と同位角, 錯角**

① **平行線になるための条件** 2直線に1つの直線が交わるとき, 同位角または錯角が等しいならば, 2直線は平行である。

② **平行線の性質**

2直線が平行ならば, 同位角, 錯角はそれぞれ等しい。

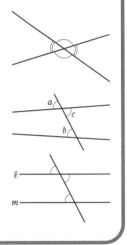

● ● ● **基本問題** ● ● ●

1 対頂角　　▶まとめ **1**

右の図において, $\angle a$, $\angle b$, $\angle c$, $\angle d$ の大きさをそれぞれ求めなさい。

□(1)

■(2)

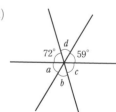

■2 平行線になるための条件　　▶まとめ **3** ①

右の図のように, 6本の直線 a, b, c, ℓ, m, n がある。この中から, 平行な直線の組を選びなさい。

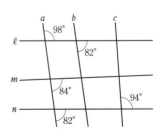

3 平行線の性質　　▶ まとめ 3 ②

次の図で，ℓ // m のとき，∠x の大きさを求めなさい。

□(1)

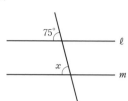

■(2)

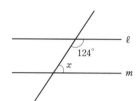

□(3)

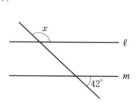

◆ ◆ ◆ 標準問題 ◆ ◆ ◆

4 右の図で，ℓ // m のとき，∠x，∠y
の大きさを求めなさい。

□(1)　　　　　■(2)

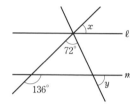

5 次の図で，ℓ // m のとき，∠x の大きさを求めなさい。

■(1)

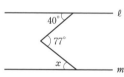

□(2)

■(3)

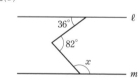

□(4)

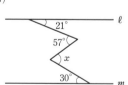

■(5)

□(6)

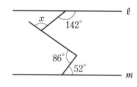

■**6** 右の図は，長方形の紙 ABCD を線分 EF を折り目として
折り返したものである。∠x の大きさを求めなさい。

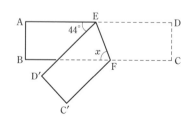

第3章

2　多角形の内角と外角

基本のまとめ

1　三角形の内角と外角の性質

① 三角形の3つの内角の和は 180° である。

② 三角形の1つの外角は，それと隣り合わない2つの内角の和に等しい。

2　三角形の分類

① **鋭角三角形**　3つの内角がすべて鋭角

② **直角三角形**　1つの内角が直角

③ **鈍角三角形**　1つの内角が鈍角

鋭角三角形　　　直角三角形　　　鈍角三角形

3　多角形の内角と外角

① n 角形の内角の和は $180° \times (n-2)$

② 多角形の外角の和は 360°

● ● ● 基本問題 ● ● ●

7　三角形の内角と外角　　▶ まとめ **1**

次の三角形において，$\angle x$ の大きさを求めなさい。

▨(1)

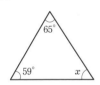

□(2)

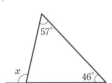

▨(3)

□(4)

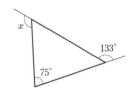

8　三角形の分類　　▶ まとめ **2**

2つの内角の大きさが次のような三角形は，鋭角三角形，直角三角形，鈍角三角形のどれであるか答えなさい。

□(1)　26°, 58°　　　　□(2)　68°, 36°　　　　□(3)　53°, 37°　　　　□(4)　49°, 28°

9　三角形の内角と外角　　▶ まとめ **1**

右の図において，$\angle x$ の大きさを求めなさい。

□(1)

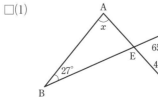

▨(2)

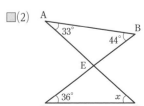

10 三角形の内角と外角　　▶まとめ **1**

次の図において，∠x，∠y の大きさを求めなさい。ただし，(1) では $\ell \parallel m$ である。

■(1)

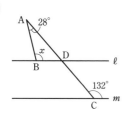

□(2)

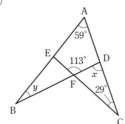

■(3)

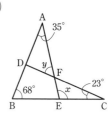

11 多角形の内角の和　　▶まとめ **3** ①

次の多角形の内角の和を求めなさい。

□(1)　六角形　　　　　■(2)　九角形　　　　　□(3)　十角形　　　　　■(4)　十五角形

12 多角形の内角　　▶まとめ **3** ①

次の図において，∠x の大きさを求めなさい。

■(1)

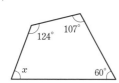

□(2)

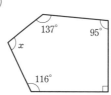

■(3)

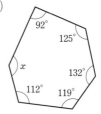

■13 正多角形の内角　　▶まとめ **3** ①

正五角形，正十二角形の 1 つの内角の大きさをそれぞれ求めなさい。

14 多角形の内角の和　　▶まとめ **3** ①

内角の和が次のような多角形は何角形ですか。

■(1)　900°　　　　　□(2)　1620°　　　　　■(3)　1980°　　　　　□(4)　2700°

15 多角形の外角　　▶まとめ **3** ②

次の図において，∠x の大きさを求めなさい。

■(1)

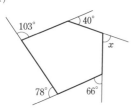

□(2)

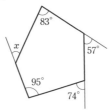

■(3)

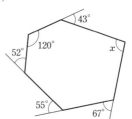

16 正多角形の外角　　▶まとめ **3** ②

次の正多角形の 1 つの外角の大きさを求めなさい。

□(1)　正五角形　　　　　■(2)　正八角形　　　　　□(3)　正十二角形　　　　　■(4)　正十五角形

例題1　三角形の内角と外角

右の図において，∠BCD の大きさを求めなさい。

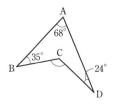

考え方　補助線を引いて，三角形の内角や外角に結びつける。

解答　辺 BC の延長と辺 AD との交点をEとする。

　　　△ABE において，内角と外角の性質から

　　　　　　∠BED＝68°＋35°＝103°

　　　よって，△CDE において，内角と外角の性質から

　　　　　　∠BCD＝24°＋103°＝**127°**　**答**

別解　点Cを通る直線 AF を引く。

　　　△ABC において　　∠BCF＝∠BAC＋35°

　　　△ADC において　　∠DCF＝∠DAC＋24°

　　　よって　　　∠BCD＝∠BAC＋∠DAC＋35°＋24°

　　　　　　　　　　　　＝68°＋35°＋24°＝**127°**　**答**

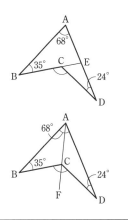

17　右の図において，∠x の大きさを求めなさい。

　■(1)　　　　　　　□(2)

  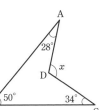 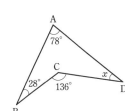

18　右の図において，$\ell /\!/ m$ のとき，∠x の大きさを求めなさい。

　■(1)　　　　　　　□(2)

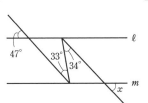 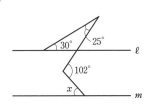

19 次の図において，∠x の大きさを求めなさい。

☐(1)

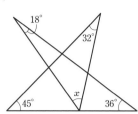

☐(2)

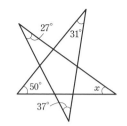

☐(3)

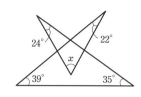

20 次の図の △ABC において，∠B，∠C の二等分線の交点をDとする。このとき，∠x の大きさを求めなさい。

☐(1)

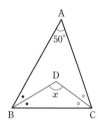

☐(2)

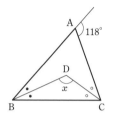

☐(3)

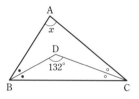

21 ∠A＝84° である △ABC において，∠B の二等分線と ∠C の外角の二等分線の交点をDとする。

このとき，∠BDC の大きさを求めなさい。

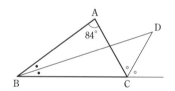

22 次のような正多角形は，正何角形であるか答えなさい。

☐(1) 1つの内角の大きさが 150° であるような正多角形

☐(2) 1つの内角の大きさが，その外角の大きさより 132° 大きくなるような正多角形

☐(3) 1つの内角の大きさが，その外角の大きさの 4 倍であるような正多角形

23 右の図において，∠x の大きさを求めなさい。

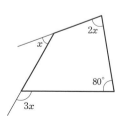

◇◇◇◇◇◇◇◇◇◇◇◇◇◇◇◇◇◇◇◇◇◇◇◇◇◇◇◇

ヒント 22 1つの外角の大きさに着目する。

例題2	角の大きさの和

右の図において，印をつけた角の大きさの和を求めなさい。

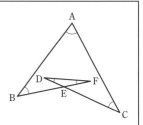

考え方 離れた位置にある角は，1つの多角形の角に集めることを考える。

解答 BとCを結ぶ。

△DEF において　∠EDF＋∠EFD＝∠DEB

△EBC において　∠EBC＋∠ECB＝∠DEB

よって　　　∠EDF＋∠EFD＝∠EBC＋∠ECB

したがって，印をつけた角の大きさの和は，△ABC の内角の和

に等しいから　**180°**　**答**

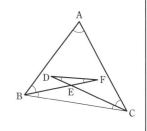

24 次の図において，∠x の大きさを求めなさい。

▨(1)

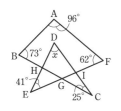

□(2)

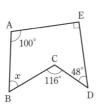

▨(3)

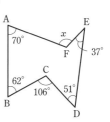

25 次の図において，印をつけた角の大きさの和を求めなさい。

□(1)

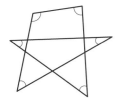

▨(2)

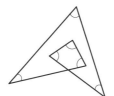

□(3)

□**26** 右の図の五角形 ABCDE において，∠C，∠E の二等分線の交点を

Fとする。

このとき，∠x の大きさを求めなさい。

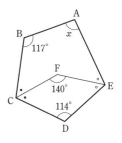

第3章

例題3 複雑な角

右の図において，$\ell /\!/ m$ であり，五角形 ABCDE は正五角形である。このとき，$\angle x$ の大きさを求めなさい。

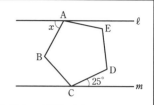

考え方 $\angle x$ を含む図形をつくり，平行線の性質や五角形の内角を利用する。

解答 右の図のように，辺 BC の延長と直線 ℓ との交点を F とし，直線 m 上の点を G とする。

正五角形の内角の和は，$180° \times (5-2) = 540°$ であるから，

1つの内角の大きさは $540° \div 5 = 108°$

よって，$\angle BCD = 108°$ より

$\angle BCG = 180° - 25° - 108° = 47°$

$\ell /\!/ m$ より，錯角は等しいから

$\angle AFC = \angle BCG = 47°$

$\angle ABC = 108°$ であるから，△ABF において，内角と外角の性質から $\angle x + 47° = 108°$

よって $\angle x = 108° - 47° = \mathbf{61°}$ 答

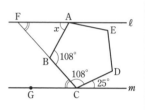

27 次の図において，$\angle x$ の大きさを求めなさい。ただし，(1)では，$\ell /\!/ m$ であり，五角形 ABCDE は正五角形である。

□(1)

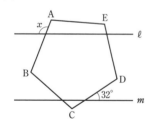

□(2)

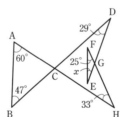

□(3)

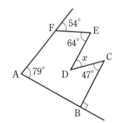

□**28** 次の図において，印をつけた角の大きさの和を求めなさい。

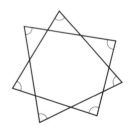

3　三角形の合同

基本のまとめ

1　合同な図形の性質

① 　2つの合同な図形は，その一方を移動して，他方にぴったりと重ねることができる。

② 　合同な図形では，対応する線分の長さはそれぞれ等しい。

③ 　合同な図形では，対応する角の大きさはそれぞれ等しい。

2　三角形の合同条件

2つの三角形は，次のどれかが成り立つとき合同である。

[1]　**3組の辺**
がそれぞれ等しい。

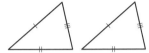

[2]　**2組の辺とその間の角**
がそれぞれ等しい。

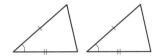

[3]　**1組の辺とその両端の角**
がそれぞれ等しい。

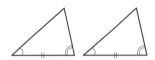

● ● ● 基本問題 ● ● ●

■29　合同な図形　　▶まとめ**1**

次の図において，合同な四角形を見つけ出し，記号 ≡ を用いて表しなさい。

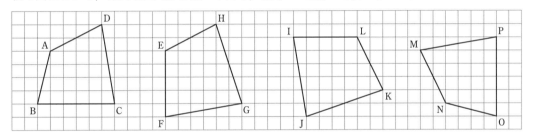

30　合同な図形の性質　　▶まとめ**1**②，③

右の図において，

四角形 ABCD ≡ 四角形 EFGH

のとき，次のものを求めなさい。

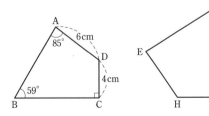

□(1)　辺 EH の長さ

□(2)　∠F の大きさ

□(3)　∠H の大きさ

31 三角形の合同条件　　▶まとめ 2

△ABC と △DEF は，次のような場合，合同である。空欄にあてはまる辺や角を入れなさい。
また，そのときに使った合同条件をいいなさい。

☐(1)　AB＝DE，BC＝^{ア}☐，^{イ}☐＝FD

☐(2)　AB＝^{ア}☐，BC＝EF，^{イ}☐＝∠E

☐(3)　∠A＝^{ア}☐，^{イ}☐＝∠F，AC＝DF

☐32 三角形の合同条件　　▶まとめ 2

次の図において，合同な三角形を見つけ出し，記号 ≡ を用いて表しなさい。
また，そのときに使った合同条件をいいなさい。

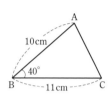 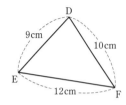 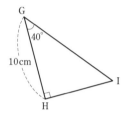 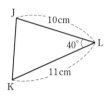

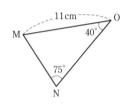 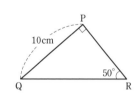 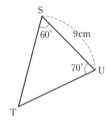 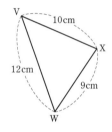

33 三角形の合同条件　　▶まとめ 2

右の図において，合同な 2 つの三角形を
見つけ出し，記号 ≡ を用いて表しなさい。
また，そのときに使った合同条件をいいな
さい。ただし，(1)では，ℓ // m である。

☐(1)

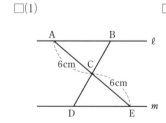

☐(2)

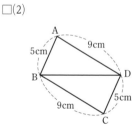

☐34 三角形の合同条件　　▶まとめ 2

右の図において，CA＝DB，∠CAB＝∠DBA である。
このとき，△ABC と合同な三角形を見つけ出し，
記号 ≡ を使って表しなさい。
また，そのときに使った合同条件をいいなさい。

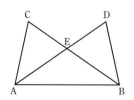

4 証明

基本のまとめ

1 仮定と結論

「○○○ ならば △△△」という形で述べられるもので，○○○ の部分を **仮定**，△△△ の部分を **結論** という。

2 証明のしくみと手順

仮定から出発して，すでに正しいことが明らかにされた事柄を根拠に，結論を導く。

3 定義，定理

① **定義** 用語や記号の意味をはっきりと述べたもの。

② **定理** 証明された事柄のうち，よく使われるもの。

参考 **公理** 議論の出発点となる事柄。

● ● ● 基本問題 ● ● ●

35 仮定と結論　▶まとめ**1**

次の事柄の仮定と結論をそれぞれ答えなさい。

☐(1) △ABC≡△DEF ならば ∠A=∠D

☐(2) △ABC と △DEF において，AB=DE，BC=EF，∠B=∠E ならば CA=FD

☐(3) $2x+1=5$ ならば $x=2$

36 証明のしくみと手順　▶まとめ**2**

図のように，半直線 OC 上に点Pがあり，∠AOB の辺 OA，OB 上にそれぞれ点Q，R がある。

このとき，OC が ∠AOB の二等分線で，OQ=OR ならば PQ=PR である。

☐(1) 仮定と結論を，図の中の記号を用いて式の形で書きなさい。

☐(2) PQ=PR であることを，次のように証明した。空欄をうめて証明を完成させなさい。

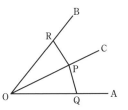

[証明] △OPQ と △ᵃ☐ において

仮定から　∠QOP=∠ROP，ⁱ☐

共通な辺であるから　OP=OP

よって，ᵘ☐ がそれぞれ等しいから　△OPQ≡△ᵉ☐

合同な図形では対応する辺は等しいから　PQ=ᵒ☐

□**37** 証明のしくみと手順　　▶まとめ **2**

　3つの直線 AB，CD，EF において，AB∥CD，CD∥EF ならば AB∥EF である。

このことを次のように証明した。空欄をうめて証明を完成させなさい。

［仮定］　AB∥CD，CD∥EF　　　［結論］　AB∥EF

［証明］右の図のように，3つの直線 AB，CD，EF に交わる

　直線 GH を引き，交点をそれぞれ P，Q，R とする。

　AB∥CD より，同位角は等しいから

$$\angle APG = \angle^{\text{ア}}\boxed{}$$

　CD∥EF より，同位角は等しいから

$$\angle^{\text{ア}}\boxed{} = \angle^{\text{イ}}\boxed{}$$

　よって　　　　　　　$\angle APG = \angle^{\text{イ}}\boxed{}$

　したがって，$^{\text{ウ}}\boxed{}$ が等しいから，AB∥EF である。

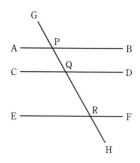

■**38** 証明のしくみと手順　　▶まとめ **2**

　右の図の四角形 ABCD において，辺 CD の中点を E とし，

直線 AE と辺 BC の延長との交点を F とする。

このとき，AE＝FE ならば，四角形 ABCD は AD∥BC の

台形であることを証明しなさい。

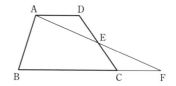

39 証明とその利用　　▶まとめ **2**

　右の図の正方形 ABCD において，辺 AB，BC 上にそれぞれ

点 E，F があり，AE＝FC である。

□(1)　△ADE≡△CDF であることを証明しなさい。

□(2)　∠AED＝68° であるとき，∠EDF の大きさを求めなさい。

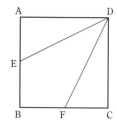

40 定義　　▶まとめ **3** ①

次のことばの定義を答えなさい。

□(1)　多面体　　　　　　　　　　　□(2)　鋭角三角形

◆ ◆ ◆ 標準問題 ◆ ◆ ◆

例題4 三角形の合同の証明

右の図において，△ABC と △ADE はともに正三角形である。
頂点BとD，CとEをそれぞれ結ぶとき，

$$△ABD≡△ACE$$

であることを証明しなさい。
ただし，正三角形の3つの角は等しく，すべて 60° である。

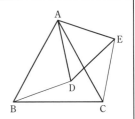

考え方 等しい辺や等しい角を，図にかきこんで考えてみるとよい。

[仮定] △ABC と △ADE はともに正三角形である。

[結論] △ABD≡△ACE

証明 △ABD と △ACE において

| 仮定より | AB＝AC | …… ① |

AD＝AE …… ②

また ∠BAD＝∠BAC－∠DAC＝60°－∠DAC

∠CAE＝∠DAE－∠DAC＝60°－∠DAC

よって ∠BAD＝∠CAE …… ③

①，②，③ より，2組の辺とその間の角がそれぞれ等しいから

△ABD≡△ACE **終**

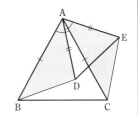

■**41** 右の図のように，線分 AB 上に点Pをとり，線分 AP，線分 PB をそれぞれ1辺とする正方形 APQS と正方形 PBTR を，線分 AB について同じ側につくる。

このとき，△APR≡△QPB であることを証明しなさい。

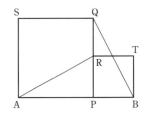

□**42** 右の図において，△ABC と △ADE はともに二等辺三角形で，AB＝AC，AD＝AE，∠BAC＝∠DAE である。

頂点BとD，CとEをそれぞれ結ぶとき，△ABD≡△ACE であることを証明しなさい。

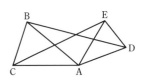

■**43** 右の図のように，辺 BC を共有する △ABC と △DBC があり，∠A＝∠D，AB＝DC である。

辺 AC と DB の交点をEとするとき，△EBC は二等辺三角形であることを証明しなさい。

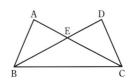

44 右の図のように，AB＝AC である二等辺三角形 ABC と，頂点A
を中心とする円がある。辺 AB，AC と円との交点をそれぞれ D，E と
し，線分 BE と CD との交点をFとする。

このとき，次のことを証明しなさい。

□(1) ∠ABE＝∠ACD

□(2) DF＝EF

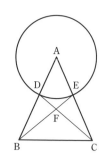

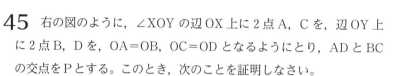

45 右の図のように，∠XOY の辺 OX 上に 2 点 A，C を，辺 OY 上
に 2 点 B，D を，OA＝OB，OC＝OD となるようにとり，AD と BC
の交点をPとする。このとき，次のことを証明しなさい。

□(1) ∠ODA＝∠OCB

□(2) △ACP≡△BDP

□(3) 半直線 OP は ∠XOY を 2 等分する。

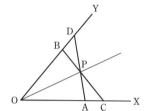

□**46** 右の図は，∠C＝90°，BC≒CA の直角三角形 ABC の外側に，
各辺を 1 辺とする正方形 ABFG，BCDE，CAHI をつくったもので
ある。

ここで，点Cと点F，点Cと点G，点Aと点E，点Bと点Hをそれぞ
れ結ぶ4本の線分を考える。

この4本の線分のうち，長さが等しいと考えられる2本を選び，長さ
が等しいことを証明しなさい。

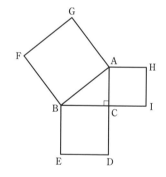

47 右の図において，△ABC≡△A′B′C′ であり，Hは，線分 BB′，
CC′ の垂直二等分線の交点である。

このとき，次のことを証明しなさい。

□(1) ∠BHB′＝∠CHC′

□(2) HA＝HA′

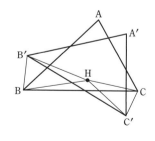

〔ヒント〕 **47**(1) 線分の垂直二等分線上の点は，線分の両端から等しい距離にある。

□**1** 右の図において，$\angle x = \angle a + \angle b + \angle c$ であることを，2通りの方法で証明しよう。

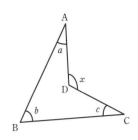

(1) 辺 AD の延長と辺 BC の交点をEとし，△ABE と △DEC において，三角形の内角と外角の性質を用いて証明しなさい。

(2) 線分 BD のD側への延長上に点Eをとり，△ABD と △CBD において，三角形の内角と外角の性質を用いて証明しなさい。

□**2** n 角形の内角の和を，2通りの方法で求めよう。

(1) n 角形において，1つの頂点Pから引ける対角線の数は，四角形は1本，五角形は2本，六角形は3本であるから，

n 角形では $^{ア}\boxed{}$ 本の対角線が引ける。

対角線の数が3本のとき，三角形は4個できるから，n 角形では $^{イ}\boxed{}$ 個の三角形ができる。

よって，n 角形の内角の和は $180° \times {}^{イ}\boxed{}$ である。

(2) n 角形の内部に点Pをとり，Pから各頂点に線分を引くと，n 個の三角形ができる。

n 個の三角形の内角の和の総和は $180° \times {}^{ウ}\boxed{}$ である。

n 個の三角形の内角のうち，Pのまわりの内角の合計は $^{エ}\boxed{}°$ である。

よって，n 角形の内角の和は $180° \times {}^{ウ}\boxed{} - {}^{エ}\boxed{}° = 180° \times {}^{オ}\boxed{}$ である。

□**3** 三角形の3つの内角の和が $180°$ であることを証明しよう。

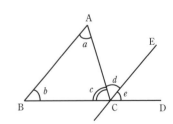

右の図のように，△ABC の辺 BC の延長上に点Dをとる。

点Cを通り辺 AB に平行な直線 CE を引く。

平行線の性質を用いて，$\angle a + \angle b + \angle c = 180°$ を証明しなさい。

□**4** 多角形の外角の和が $360°$ であることを証明しよう。

多角形の各頂点における内角と1つの外角の和は $^{ア}\boxed{}°$ であるから，n 角形の内角の和と外角の和の合計は $^{ア}\boxed{}° \times n$ である。

n 角形の内角の和は $180° \times {}^{イ}\boxed{}$ であるから，n 角形の外角の和は $^{ア}\boxed{}° \times n - 180° \times {}^{イ}\boxed{} = 360°$

第
3
章

第4章 三角形と四角形

1 二等辺三角形

基本のまとめ

1 二等辺三角形

① 2辺が等しい三角形を **二等辺三角形** という。二等辺三角形について，次のことが成り立つ。

[1] 二等辺三角形の2つの底角は等しい。

[2] 二等辺三角形の頂角の二等分線は，底辺を垂直に2等分する。

[3] 二等辺三角形において，頂角の二等分線，頂点から底辺に引いた
中線・垂線，底辺の垂直二等分線は，すべて一致する。

② 2つの角が等しい三角形は，二等辺三角形である。

2 正三角形

① 3辺が等しい三角形を **正三角形** という。

② 正三角形の3つの角は等しく，すべて $60°$ である。

③ 3つの角が等しい三角形は，正三角形である。

④ 正三角形は二等辺三角形の特別な場合である。

3 逆と反例

① ある事柄の仮定と結論を入れ替えたものを，もとの事柄の **逆** という。

② 正しい事柄であっても，その逆が正しいとは限らない。

③ ある事柄について，仮定は成り立つが結論は成り立たないという例を **反例** という。ある事柄が正しくないときは，反例を1つ示すとよい。

● ● ● 基本問題 ● ● ●

1 二等辺三角形 ▶まとめ**1**①

次の図において，△ABC は AB＝AC の二等辺三角形である。∠x の大きさを求めなさい。

□(1)
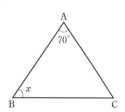

□(2)
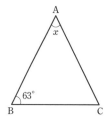

□(3)
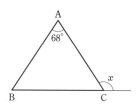

2 二等辺三角形　　▶まとめ 1 ①

次の図において，△ABC は AB＝AC の二等辺三角形である。∠x の大きさを求めなさい。

□(1)

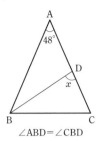

∠ABD＝∠CBD

□(2)

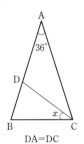

DA＝DC

□(3)

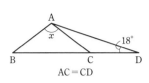

AC＝CD

3 二等辺三角形の性質　　▶まとめ 1 ①

AB＝AC である二等辺三角形 ABC において，頂角の二等分線と辺 BC
との交点をDとする。次の空欄をうめなさい。

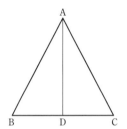

□(1)　BD＝ ☐

□(2)　∠ABD＝∠ ☐

□(3)　∠ADB＝∠ ア☐ ＝ イ☐ °

□4 二等辺三角形になるための条件　　▶まとめ 1 ②

2つの内角の大きさが次のような三角形 ① ～ ④ の中から，二等辺三角形をすべて選びなさい。

① 20°，140°　　　　　② 65°，55°　　　　　③ 70°，50°　　　　　④ 50°，65°

5 正三角形　　▶まとめ 2

次の図において，△ABC は正三角形である。∠x の大きさを求めなさい。

ただし，(2), (3) では ℓ∥m である。

□(1)

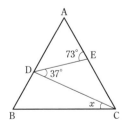

□(2)

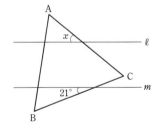

□(3)

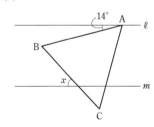

6 逆と反例　　▶まとめ 3

次の事柄の逆を答えなさい。また，逆が正しいかどうかを答え，正しくない場合は反例を示しなさい。

□(1)　a＝b ならば a－c＝b－c

□(2)　△ABC と △DEF において，△ABC≡△DEF ならば AB＝DE，BC＝EF，∠A＝∠D である。

□(3)　△ABC で，AB＝AC ならば ∠B＝∠C である。

例題1 二等辺三角形の角

右の図において，△ABC は AB＝AC の二等辺三角形である。また，
D，E はそれぞれ，辺 BC，CA 上の点で，F は直線 BA と DE の交
点である。CD＝CE であるとき，∠x の大きさを求めなさい。

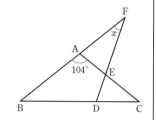

考え方 二等辺三角形の2つの底角が等しいことを利用する。

解答 AB＝AC から   ∠ABC＝∠ACB＝$(180°−104°)÷2＝38°$

CD＝CE から   ∠CDE＝∠CED＝$(180°−38°)÷2＝71°$

△BDF において，内角と外角の性質により   ∠x＋∠FBD＝∠CDF

∠x＋38°＝71°

よって   ∠x＝71°−38°＝**33°** 答

■7 右の図において，△ABC と △ADE は正三角形であり，点Dは線
分 CB の延長上にある。

このとき，∠x の大きさを求めなさい。

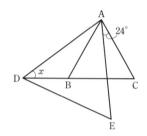

□8 右の図は，正方形 ABCD である。図のように，辺 BC を1辺とす
る正三角形 BCE をつくり，点Aと点E，点Dと点Eをそれぞれ結ぶ。
このとき，∠x，∠y の大きさを求めなさい。

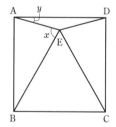

9 次の問いに答えなさい。

□(1) AB＝AC である二等辺三角形 ABC の辺 AC 上に点Dがあり，AD＝BD＝BC である。

① ∠A の大きさをxとするとき，∠BDC の大きさをxを用いて表しなさい。

② ∠A の大きさを求めなさい。

□(2) 右の図の △ABC において，∠BAC＝120°，
CA＝AP＝PQ＝QB である。
このとき，∠ABC の大きさを求めなさい。

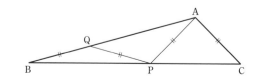

□**10** 右の図において，△ABC と △ADE が正三角形であるとき，
BD＝CE であることを証明しなさい。

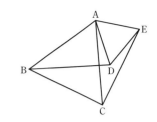

■**11** 右の図において，四角形 ABCD は AD∥BC の台形であり，
∠CAB＝∠CBA である。対角線 AC 上に AD＝CE となるように点
E をとるとき，CD＝BE となることを証明しなさい。

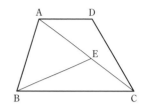

□**12** 右の図のような，3 つの角が鋭角の △ABC がある。∠ABC の二
等分線と辺 AC との交点をDとし，Dから辺 BC に垂線を引き，辺 BC
との交点をEとする。Eから辺 AB に垂線を引き，BD，AB との交点
をそれぞれ F，G とする。
このとき，ED＝EF であることを証明しなさい。

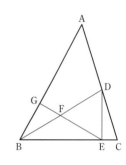

□**13** 右の図のように，AB＝AC，AB＞BC である二等辺三角形
ABC がある。頂点Cを中心として，辺 BC が辺 AC 上に重なるまで
△ABC を回転させてつくった三角形を △DEC とする。また，頂点
Bと点Eを結んだ線分 BE の延長上に，図のように点Fをとる。
このとき，∠AEF＝∠DEF であることを証明しなさい。

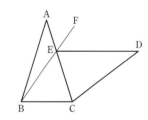

■**14** 右の図のように，正方形 ABCD の辺 AB 上に点Eがある。
辺 AD の延長上に，点Fを BE＝DF となるようにとる。
このとき，∠CEF＝45° であることを証明しなさい。

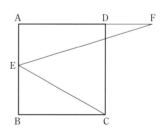

⬦⬦⬦⬦⬦⬦⬦⬦⬦⬦⬦⬦⬦⬦⬦⬦⬦⬦⬦⬦⬦⬦⬦⬦⬦

ヒント　14　BE＝DF をどのように使うか。補助線を引いて合同な三角形をつくる。

右の図の △ABC は，正三角形である。辺 BC 上に点 D をとり，
AD を 1 辺とする正三角形 ADE をつくる。
このとき，AC＝DC＋CE であることを証明しなさい。

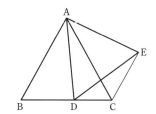

考え方　線分 DC，CE の一方を 1 辺とする三角形と合同な三角形を見つける。
　　　　[仮定]　△ABC，△ADE は正三角形　　　[結論]　AC＝DC＋CE

証明　△ABD と △ACE において

仮定から　　AB＝AC　　……①

　　　　　　AD＝AE　　……②

また　　∠BAD＝∠BAC－∠CAD＝60°－∠CAD

　　　　∠CAE＝∠DAE－∠CAD＝60°－∠CAD

よって　∠BAD＝∠CAE　……③

①，②，③ より，2 組の辺とその間の角がそれぞれ等しいから

　　　　△ABD≡△ACE

したがって，BD＝CE であるから　　DC＋CE＝DC＋BD＝BC

BC＝AC であるから　　AC＝DC＋CE　　**終**

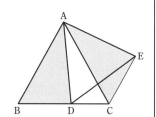

■15　正三角形 ABC において，辺 BC，AC 上に BD＝CE となるよう
に点 D，E をとり，BE と AD の交点を F とする。
このとき，∠AFB の大きさを求めなさい。

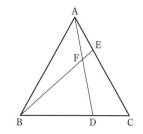

□16　正三角形 ABC において，辺 AB，BC，CA 上に
AD＝BE＝CF となるようにそれぞれ点 D，E，F をとる。
このとき，△DEF は正三角形であることを証明しなさい。

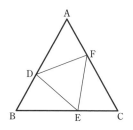

━━━━━━━━━━━━━━━━━━━━━━━━━
ヒント　15　例題 2 と同様，2 つの合同な三角形を利用する。

❷ 直角三角形の合同

基本のまとめ

1 直角三角形の合同条件

2つの直角三角形は，次のどちらかが成り立つとき合同である。

[1] 直角三角形の **斜辺と1つの鋭角** が
それぞれ等しい。

[2] 直角三角形の **斜辺と他の1辺** が
それぞれ等しい。

● ● ● 基本問題 ● ● ●

☐17 直角三角形の合同条件　　▶まとめ**1**

次の図において，合同な直角三角形を見つけ出し，記号 ≡ を使って表しなさい。
また，そのとき使った合同条件を答えなさい。

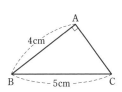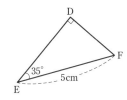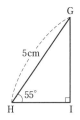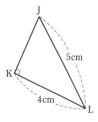

☐18 直角三角形の合同条件と証明　　▶まとめ**1**

右の図のように，∠XOY の辺 OX，OY 上にそれぞれ点 A，B を，
OA＝OB となるようにとる。また，A から辺 OY に引いた垂線の足
を C，B から辺 OX に引いた垂線の足を D とする。このとき，
△AOC≡△BOD であることを証明しなさい。

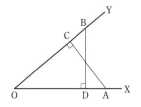

19 直角三角形の合同条件と証明　　▶まとめ**1**

右の図において，BE＝CD，∠CEB＝90°，∠BDC＝90° である。

☐(1)　△BCE≡△CBD であることを証明しなさい。

☐(2)　△ABC はどのような三角形になるか答えなさい。

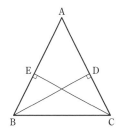

第4章

20 右の図のように，正方形 ABCD の辺 AD 上に点Eがある。線分 CE に頂点 B，D から垂線を引き，CE との交点をそれぞれ F，G とする。また，AとG，DとFをそれぞれ結ぶ。

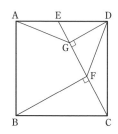

■(1)　△BCF≡△CDG であることを証明しなさい。

■(2)　△AGD≡△DFC であることを証明しなさい。

☐**21**　右の図において，△ABC と △BCD は，∠ABC＝90°，∠BCD＝90° の直角三角形である。また，E は辺 BC 上の点で，AC⊥DE，AC＝DE である。

このとき，△BCD は直角二等辺三角形であることを証明しなさい。

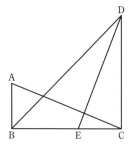

22　平行な 2 直線 ℓ，m と，それらに直交する線分 AB がある。図 1，2 のように，正方形 CPQR の頂点Cは線分 AB 上にあり，3 頂点 P，Q，R のうち 2 頂点は ℓ または m 上にある。

図 1，2 ともに AC＝3 cm，CB＝2 cm のとき，次の空欄にあてはまる数を入れなさい。

図 1

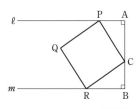

図 2

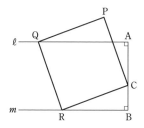

☐(1)　図 1 において，PA＝ア[　　]cm，RB＝イ[　　]cm である。

☐(2)　図 2 において，RB＝5 cm であるとき，QA＝[　　]cm である。

■**23**　右の図の △ABC は，AB＝AC の直角二等辺三角形である。頂点 A を通り，辺 BC に交わる直線 ℓ に，頂点 B，C から垂線を引き，ℓ との交点をそれぞれ D，E とする。

CE＞BD のとき，CE－BD＝DE であることを証明しなさい。

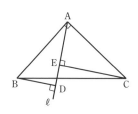

3 平行四辺形

基本のまとめ

1 平行四辺形の定義

2組の対辺がそれぞれ平行な四角形を **平行四辺形** という。

2 平行四辺形の性質

① 平行四辺形の2組の対辺はそれぞれ等しい。

② 平行四辺形の2組の対角はそれぞれ等しい。

③ 平行四辺形の対角線はそれぞれの中点で交わる。

3 平行四辺形になるための条件

四角形は，次のどれかが成り立つとき平行四辺形である。

① **定義** 2組の対辺がそれぞれ平行である。

② 2組の対辺がそれぞれ等しい。

③ 2組の対角がそれぞれ等しい。

④ 対角線がそれぞれの中点で交わる。

⑤ 1組の対辺が平行でその長さが等しい。

4 いろいろな四角形

① 4つの角が等しい四角形を **長方形** という。長方形の対角線の長さは等しい。

② 4つの辺が等しい四角形を **ひし形** という。ひし形の対角線は垂直に交わる。

③ 4つの角が等しく，4つの辺が等しい四角形を **正方形** という。正方形の対角線は長さが等しく垂直に交わる。

④ 1組の対辺が平行である四角形を **台形** という。

第4章

● ● ● 基本問題 ● ● ●

24 平行四辺形　　▶まとめ **1**, **2**

次の図の □ABCD において，次のものを求めなさい。

☐(1) 対角線 AC，BD の交点をOとする。AC＝12 cm，∠BAD＝128° であるとき，線分 OA の長さと ∠BCD，∠ABC の大きさ

☐(2) 点 E，F はそれぞれ辺 AD，BC 上の点で，AB∥EF である。AD＝10 cm，BF＝4 cm，∠BAD＝105° であるとき，線分 ED の長さと ∠EFC の大きさ

(1)

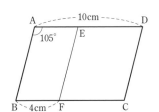

(2)

25　平行四辺形と角　▶まとめ 2

　右の図の □ABCD において，
∠x の大きさを求めなさい。ただし，
(1) では AB＝BE
(2) では ∠ABE＝∠EBC，EC＝DC
である。

□(1)　　　　　□(2)

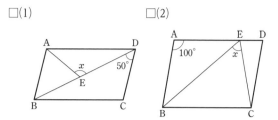

■26　平行四辺形の性質　▶まとめ 2

　□ABCD の辺 AD，BC の中点をそれぞれ E，F とする。
このとき，△ABF≡△CDE であることを証明しなさい。

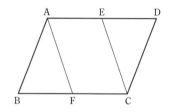

□27　平行四辺形になるための条件　▶まとめ 3

　四角形 ABCD が次のような条件を満たすとき，平行四辺形になるものをすべて選びなさい。
ただし，対角線 AC，BD の交点をOとする。

①　AD＝BC，∠ADB＝∠CBD　　　　②　AB＝DA，BC＝CD

③　∠A＝∠B，∠C＝∠D　　　　④　∠A＋∠B＝∠B＋∠C＝180°

⑤　AO＝BO，CO＝DO　　　　⑥　△ABC≡△CDA

■28　平行四辺形になるための条件　▶まとめ 3

　□ABCD において，対角線 AC，BD の交点をOとし，
線分 BD 上に BE＝DF となる2点E，F をとる。
このとき，四角形 AECF は平行四辺形であることを証明
しなさい。

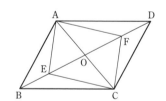

29　いろいろな四角形　▶まとめ 4

　次の文章のうち，下線部分が最も適している語であるものには ○ をつけ，そうでないものには，
下線部分を最も適している語になおしなさい。

□(1)　4つの辺が等しい四角形は 正方形 である。

□(2)　1組の対辺が平行である四角形は 平行四辺形 である。

□(3)　2組の対角がそれぞれ等しい四角形は ひし形 である。

□(4)　対角線の長さが等しく，それぞれの中点で交わる四角形は 平行四辺形 である。

□(5)　1組の対辺が平行でその長さが等しい四角形は 平行四辺形 である。

■**30** 右の図において，四角形 ABCD は AD∥BC の台形で，点Eは
辺BCの中点である。AB∥DE で，∠ABC＝54°，∠AED＝42° で
あるとき，∠x の大きさを求めなさい。

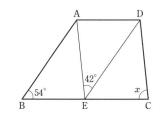

■**31** 右の図において，四角形 ABCD はひし形で，点Eは △DBC の
内部の点である。∠DBE＝29°，∠BEC＝116°，∠DCE＝33° のとき，
∠x の大きさを求めなさい。

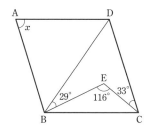

■**32** 右の図のように，▱ABCD の辺 AD 上に，CD＝CE となる点E
をとる。
このとき，AC＝BE であることを証明しなさい。

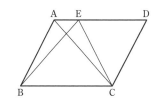

■**33** 右の図のように，▱ABCD の ∠A の二等分線と辺 BC の交点を
E，∠C の二等分線と辺 AD の交点をFとする。
このとき，四角形 AECF は平行四辺形であることを証明しなさい。

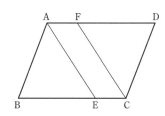

■**34** ▱ABCD の辺 AD，BC の中点を，それぞれ E，F とし，AF と
BE の交点をG，CE と DF の交点をHとする。
このとき，四角形 EGFH は平行四辺形であることを証明しなさい。

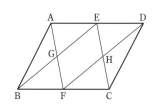

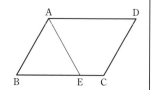

例題3 平行四辺形の性質の利用

AB<AD である ▱ABCD において，∠BAD の二等分線と辺 BC の交点をEとする。

このとき，EC＋CD＝AD であることを証明しなさい。

考え方 辺 CD と長さが等しい辺や線分を見つける。

[仮定] 四角形 ABCD は平行四辺形，∠BAE＝∠DAE，AB<AD

[結論] EC＋CD＝AD

証明 AE は ∠BAD の二等分線であるから　　∠BAE＝∠DAE

AD∥BC より，錯角は等しいから　　∠BEA＝∠DAE

よって，∠BAE＝∠BEA より，△ABE において　　AB＝BE

また，四角形 ABCD は平行四辺形であるから　　AB＝CD，AD＝BC

EC＋CD＝EC＋AB＝EC＋BE

　　　　＝BC＝AD　**終**

■**35** 右の図のように，▱ABCD の辺 AD 上に，∠DCE＝∠ABC となるように点Eをとる。

このとき，AE＋EC＝BC であることを証明しなさい。

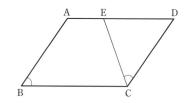

■**36** 右の図のように，▱ABCD において，辺 AD 上に AB＝AE となるように点Eをとる。また，辺 CD の延長と BE の延長との交点をFとする。

このとき，AD＝CF であることを証明しなさい。

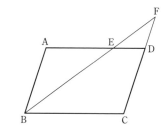

37 右の図の ▱ABCD は，AD＝7.6 cm，AB＝5 cm である。

∠A の二等分線が辺 BC と交わる点をE，∠D の二等分線が辺 BC と交わる点をFとし，線分 AE と DF の交点をGとする。

□(1) ∠AGF の大きさを求めなさい。

□(2) 線分 EF の長さを求めなさい。

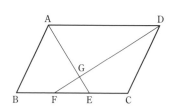

◇◇◇◇◇◇◇◇◇◇◇◇◇◇◇◇◇◇◇◇

ヒント 37(1) △AGD の内角と外角に着目する。

■**38** □ABCD において，辺 AB の中点を M とする。MD＝MC であるとき，四角形 ABCD は長方形になることを証明しなさい。

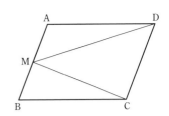

39 右の図は，AB＜AD である長方形 ABCD を，対角線 AC を折り目として折り返したものである。頂点 B が移った点を E とし，AD と CE の交点を F とする。

■(1) AF＝CF であることを証明しなさい。

■(2) D と E を結ぶ。このとき，四角形 ACDE は，AC∥ED の等脚台形であることを証明しなさい。

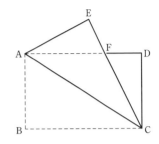

■**40** 四角形 ABCD において，次のことを証明しなさい。
$$AD\∥BC，\ ∠B＝∠C\quad ならば\quad AB＝DC$$

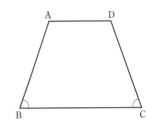

第
4
章

41 右の図のように，正三角形 ABC の内部に点 P をとって △PBC をつくり，△PBC の辺 PB，PC をそれぞれ 1 辺とする正三角形 QBP，正三角形 RPC を，△PBC の外部につくる。

■(1) △PBC≡△QBA であることを証明しなさい。

■(2) 四角形 AQPR は平行四辺形になることを証明しなさい。

■(3) △PBC に条件をつけ加えると，四角形 AQPR は平行四辺形の特別な形になるときがある。そのときの四角形の名称を 1 つ答え，その四角形となるために，△PBC につけ加える条件を答えなさい。

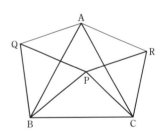

■**42** ∠A＝90° である直角三角形 ABC において，辺 BC の中点を M とする。このとき，BC＝2AM であることを証明しなさい。

〰〰〰〰〰〰〰〰〰〰〰〰〰〰〰〰〰〰〰〰〰〰
ヒント 42 中線 AM を 2 倍に延ばして考える。

| 例題 4 | 複雑な図形の証明 |

右の図のように，△OAB の辺 OA，OB をそれぞれ 1 辺とする
正方形 OACD，OBEF をつくる。また，辺 OD，OF を 2 辺と
する平行四辺形 OFND をつくり，線分 NO の延長と辺 AB の交
点をHとする。

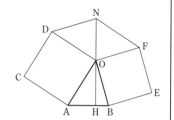

(1)　△OAB≡△DON であることを証明しなさい。

(2)　OH⊥AB であることを証明しなさい。

考え方 (2)は ∠OHA＝90° を示すことと同じ。(1)で証明した結果がヒントになる。

　　　[仮定]　四角形 OACD，OBEF は正方形，四角形 OFND は平行四辺形

　　　[結論]　(1)　△OAB≡△DON　　(2)　OH⊥AB

証明 (1)　△OAB と △DON において　OA＝DO　……①，　　OB＝OF　……②，　　OF＝DN　……③

　　　②，③から　OB＝DN　　　……④

　　　また　　∠AOB＝360°−(90°＋90°＋∠DOF)＝180°−∠DOF

　　　よって　∠AOB＝∠ODN　……⑤

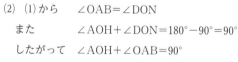

　　　①，④，⑤より，2 組の辺とその間の角がそれぞれ等しいから

　　　　　　　　　　　△OAB≡△DON　**終**

　　(2)　(1)から　　∠OAB＝∠DON

　　　また　　　　　∠AOH＋∠DON＝180°−90°＝90°

　　　したがって　∠AOH＋∠OAB＝90°

　　　よって，△OAH において，∠OHA＝180°−(∠AOH＋∠OAH)＝90° であるから　　OH⊥AB　**終**

43　右の図のように，長方形 ABCD があり，対角線 BD の中点をE
とする。辺 AD 上に点Fをとり，2 点 E，F を通る直線と辺 BC と
の交点をGとする。

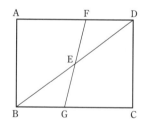

☐(1)　BG＝DF であることを証明しなさい。

☐(2)　Gを通り対角線 BD に平行な直線と，辺 CD との交点をHとする。
　　　FとHを結ぶとき，FH＋GH＝BD であることを証明しなさい。

44　右の図のように，△ABC の辺 AB，AC をそれぞれ 1 辺とする
正方形 ADEB，ACFG をつくる。また，図において，四角形
ABHC は平行四辺形であり，点Mはその対角線の交点である。

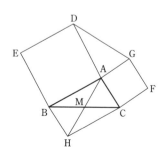

☐(1)　GD＝2AM であることを証明しなさい。

☐(2)　直線 AM と GD の交点をIとする。このとき，AI⊥DG である
　　　ことを証明しなさい。

4 平行線と面積

── 基本のまとめ ──

1 平行線と面積

△PAB，△QAB の頂点 P，Q が，直線 AB に関して同じ側にあるとき，次のことが成り立つ。

[1] PQ∥AB ならば △PAB＝△QAB

[2] △PAB＝△QAB ならば PQ∥AB

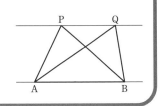

● ● ● 基本問題 ● ● ●

45 平行線と面積 　▶まとめ**1**

右の図は，AD∥BC の台形 ABCD で，対角線 AC と BD の交点をOとする。

□(1) △ABC と面積が等しい三角形はどれか答えなさい。

□(2) △ABO と面積が等しい三角形はどれか答えなさい。

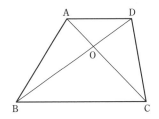

46 平行線と面積 　▶まとめ**1**

▱ABCD の辺 BC の延長上に点Eをとり，辺 CD と線分 AE の交点をFとする。このとき，△BCF＝△DEF が成り立つことを次のように証明した。空欄をうめて証明を完成させなさい。

[証明] AB∥DC であるから 　△ACF＝△ᵃ[　　　]

AD∥CE であるから 　△ACD＝△AED

△ACD と △AED において，△ᶦ[　　　] は共通であるから 　△ACF＝△ᵘ[　　　]

したがって 　△BCF＝△DEF

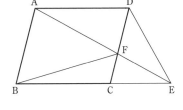

47 平行線と面積（等積変形） 　▶まとめ**1**

右の図のように，四角形 ABCD がある。直線 BC 上に点Pをとって，四角形 ABCD と △ABP の面積が等しくなるようにしたい。Pをどのような位置にとればよいか説明しなさい。ただし，Pは点Cより右側にあるものとする。

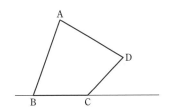

例題5 平行線と面積

右の図において，四角形 ABCD は AD∥BC の台形で，線分 AE，CE はそれぞれ辺 DC，対角線 BD と平行である。

このとき，図において，△ABD と面積の等しい三角形をすべて答えなさい。

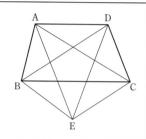

考え方 共通な底辺に平行な直線に注目する。

解答 AD∥BC で，底辺 AD を共有していることから　　△ABD＝△ACD

AE∥DC で，底辺 DC を共有していることから　　△ACD＝△CDE

CE∥BD で，底辺 CE を共有していることから　　△CDE＝△BCE

したがって，求める三角形は　　**△ACD，△CDE，△BCE** 答

■**48** 右の図において，四角形 ABCD は平行四辺形で，BD∥EF である。図において，△ABE と面積の等しい三角形をすべて答えなさい。

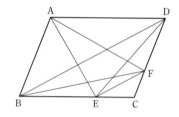

□**49** 右の図のように，△ABC の辺 AB，AC 上にそれぞれ点 D，E をとる。△ABE＝△ACD であるとき，DE∥BC となることを証明しなさい。

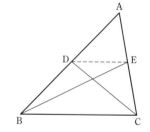

□**50** 右の図のように，△ABC の辺 BC の中点を M とし，辺 AB 上に点 P をとる。線分 AM は △ABC の面積を2等分することを利用して，P を通る直線で，△ABC の面積を2等分する直線を求めなさい。

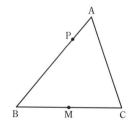

□**51** 四角形 ABCD の土地を 2 等分したい。右の図は，点 A を
通る直線 AP で，この土地の面積を 2 等分したものである。
右の図を参考にして，次の空欄にあてはまるものを入れなさい。

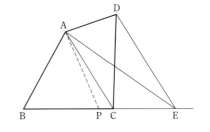

(1) 四角形 ABCD と面積が等しい三角形を求めよう。

点 D を通り辺 ^{ア} [　　] と平行な直線と辺 BC の延長との交点

を E とすると

$$\triangle \text{ACD} = \triangle\ ^{イ} [\quad]$$

よって　　$\triangle \text{ABC} + \triangle \text{ACD} = \triangle\ ^{ウ} [\quad]$

したがって，四角形 ABCD と面積が等しい三角形は $\triangle\ ^{ウ} [\quad]$ である。

(2) 四角形 ABCD の面積を 2 等分する直線を求めよう。

$\triangle \text{ABE}$ の底辺 BE の $^{エ} [\quad]$ を P とすると，直線 AP は $\triangle \text{ABE}$ の面積を 2 等分する。

よって，直線 AP は四角形 ABCD の面積を 2 等分する。

■■■ 発展問題 ■■■

□**52** 右の図のような四角形 ABCD があり，点 E は辺 AD 上の点であ
る。点 E を通る直線を引いて，この四角形の面積を 2 等分したい。そ
の引き方を説明して，図にかき入れなさい。

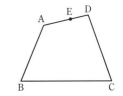

第4章

□**53** 右の図のような，直線 PQ と曲線 PAQ で囲まれた土地があり，
折れ線 A-B-C-D によって面積が 2 等分されている。この土地の
面積を 1 本の直線で 2 等分するには，その直線をどのように引けば
よいか。その引き方を説明して，図にかき入れなさい。

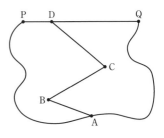

―――――――――――――――――――――――

ヒント 52 まず，四角形 ABCD を，それと面積の等しい三角形に変形することを考える。

5 三角形の辺と角

━━━━━ **基本のまとめ** ━━━━━

1 三角形の辺と角の大小関係
  ① 大きい辺に向かい合う角は，小さい辺に向かい合う角より大きい。
  ② 大きい角に向かい合う辺は，小さい角に向かい合う辺より大きい。

2 三角形の2辺の和と差
  ① 2辺の和は，残りの辺より大きい。
  ② 2辺の差は，残りの辺より小さい。

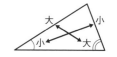

● ● ● **基本問題** ● ● ●

54 三角形の辺と角の大小関係 ▶まとめ**1**

　△ABC において，次のような条件を満たすのは，それぞれどの角と辺か答えなさい。

□(1)　AB＝6 cm，BC＝4 cm，CA＝5 cm であるとき，最も大きい角

■(2)　AB＝8 cm，BC＝5 cm，CA＝8 cm であるとき，最も小さい角

■(3)　∠A＝70°，∠B＝60° であるとき，最も大きい辺

□(4)　∠A＝65°，∠B＝75° であるとき，最も小さい辺

55 三角形の2辺の和 ▶まとめ**2**

　正の数 a，b，c について，$a \leqq c$，$b \leqq c$ とするとき，次のことが成り立つ。

　$a+b>c$ を満たすとき，a，b，c を3辺の長さとする三角形が存在する。

　$a+b>c$ を満たさないとき，a，b，c を3辺の長さとする三角形は存在しない。

　このことを用いて，3辺の長さが次のような三角形は存在するかどうか調べなさい。

■(1)　5 cm，7 cm，8 cm　　　　　　　■(2)　4 cm，6 cm，11 cm

◆ ◆ ◆ **標準問題** ◆ ◆ ◆

■**56**　△ABC において，∠A の二等分線と辺 BC の交点をDとするとき，AB＞BD であることを証明しなさい。

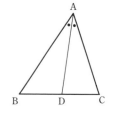

ヒント 56　△ABD において，辺 AB と BD に対する角の大小を調べる。

□**1**　∠C と ∠F がどちらも鈍角である 2 つの三角形

△ABC と △DEF がある。このとき，

AB＝DE，AC＝DF，∠ACB＝∠DFE ならば，

△ABC≡△DEF であることを証明しよう。

このままでは三角形の合同条件にあてはまらない。

頂点 A，D から底辺 BC，EF の延長に引いた垂線との

交点を，それぞれ G，H とする。

(1)　△ACG≡△DFH であることを証明しなさい。

(2)　△ABG≡△DEH であることを証明しなさい。

(3)　△ABC≡△DEF であることを証明しなさい。

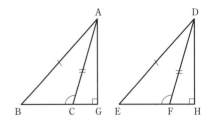

□**2**　右の図のように，幅の等しいテープを重ねてできた四角形 ABCD

は，ひし形であることを証明しよう。

(1)　まず，四角形 ABCD が平行四辺形であることを証明しなさい。

(2)　A から直線 BC に引いた垂線の長さと，B から直線 CD に引い

た垂線の長さは，テープの幅と等しい。

平行四辺形の面積を考えて，平行四辺形 ABCD がひし形である

ことを証明しなさい。

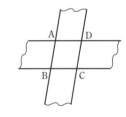

□**3**　両岸が平行な川をへだてて，2 地点 A，B がある。

岸に垂直な橋 PQ をかけ，A から B へ橋 PQ を渡って行くのに，そ

の道のりが最小となるようにしたい。

道のりが最小となるのは，川幅は一定であるから，AP＋^ア□ が最

小となるときである。

橋 PQ の位置はどこにすればよいか説明しなさい。

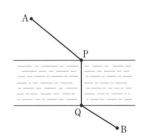

初 版
第1刷　2006 年 4 月 1 日　発行
三訂版対応
第1刷　2011 年 4 月 1 日　発行
四訂版対応
第1刷　2015 年 2 月 1 日　発行
新課程
第1刷　2020 年 2 月 1 日　発行
第2刷　2021 年 2 月 1 日　発行
第3刷　2021 年 4 月 1 日　発行
第4刷　2021 年 9 月 1 日　発行
第5刷　2023 年 2 月 1 日　発行
第6刷　2024 年 2 月 1 日　発行

ISBN978-4-410-21568-1

新課程
中高一貫教育をサポートする
体系問題集 数学1　幾何編
【基礎～発展】
［中学 1，2 年生用］

編　者　数研出版編集部
発行者　星野　泰也
発行所　数研出版株式会社
〒101-0052　東京都千代田区神田小川町 2 丁目 3 番地 3
　　　　　　〔振替〕00140-4-118431
〒604-0861　京都市中京区烏丸通竹屋町上る大倉町205番地
〔電話〕代表 (075)231-0161
ホームページ　https://www.chart.co.jp
印刷　創栄図書印刷株式会社
240106

中高一貫教育をサポートする

体系問題集
数学1 ［中学1,2年生用］

幾 何 編
基 礎 ～ 発 展

解答編

数研出版
https://www.chart.co.jp

第 1 章　平面図形

1 平面図形の基礎

■ p.4 ■

1 (1) 2 点 A，B を通る限りなくのびたまっすぐな線
   (2) 2 点 A，C を通る限りなくのびたまっすぐな線
   (3) 2 点 B，C を端とするまっすぐな線
   (4) 2 点 C，D を端とするまっすぐな線
   (5) 点 D を端とし，点 A の方に限りなくのびたまっすぐな線
   (6) 点 B を端とし，点 D の方に限りなくのびたまっすぐな線
   よって，下の図のようになる。

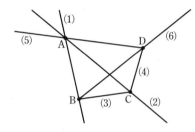

2 (1) (ア) AB⊥CD
   (イ) 垂線
   (2) (ア) 平行
   (イ) AB∥CD

■ p.5 ■

3 (1) ℓ と m は平行である。
   記号で表すと　　$\ell \, /\!/ \, m$
   (2) m と n は垂直である。
   記号で表すと　　$m \perp n$
   (3) ℓ と n は垂直である。
   記号で表すと　　$\ell \perp n$

4 (1) (ア) AB
   (イ) AB＝15 cm
   (2) (ア) PR
   (イ) R
   (3) (ア) 一定
   (イ) 6

5 (1) AB＝8 cm，BC＝6 cm，CA＝10 cm
   (2) AB∥DC，AB⊥AD，AB⊥BC
   (3) 8 cm
   (4) 8 cm
   (5) 6 cm
   (6) 8 cm

6 (1) 6 cm
   (2) 点 A
   (3) 3 cm

■ p.6 ■

7 (1) (ア) ∠AOB（または　∠BOA）
   (2) (ア) O
   (イ) OA

8 ∠a は　∠BAC（または　∠CAB）
   ∠b は　∠ACD（または　∠DCA）
   ∠c は　∠DAE（または　∠EAD）
   ∠d は　∠AED（または　∠DEA）

9 (1) $\overset{\frown}{AB}$
   (2) 弦 AB
   (3) 中心角
   (4) (ア) 扇形
   (イ) 中心角

10 (1) (ア) 接点
   (イ) 6
   (ウ) 垂直
   (2) (ア) 3 cm＜6 cm であるから，共有点は
   　　　　　　　　　　　　　　2 個
   (イ) 6 cm＝6 cm であるから，共有点は
   　　　　　　　　　　　　　　1 個
   (ウ) 8 cm＞6 cm であるから，共有点は
   　　　　　　　　　　　　　　0 個

■ p.7 ■

11 (1) 点 O からの距離が 8 cm である点の集まりは，O を中心とする半径 8 cm の円になる。

(2) 直線 ℓ からの
距離が 6 cm であ
る点の集まりは，
直線 ℓ に平行で，
直線 ℓ との距離が
6 cm である 2 つ
の直線になる。

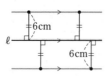

12 (1) 直線 AD と直線 BC は平行であるから
$$AD /\!/ BC$$
(2) $\ell /\!/ AB$ で，$AB \perp CD$ であるから
$$\ell \perp CD$$
(3) $m \perp AD$ で，$AD /\!/ BC$ であるから
$$m \perp BC$$

13 弦 PQ の長さが最も大き
くなるのは，PQ が円の直径
になるときである。
よって，その値は
$$4 \times 2 = 8 \, (\text{cm})$$

2 図形の移動

■ p.9 ■

14 1 つの直線を折り目として折ったとき，その直線
の両側の部分がぴったりと重なる直線が対称の軸で
ある
したがって，次の図のようになる。

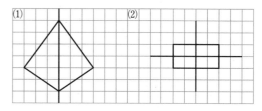

15 (1) 点 G
(2) 辺 DC
(3) BI = HI であるから
$$BI = 8 \div 2 = 4 \, (\text{cm})$$
(4) $\angle EIB = \angle EIH$ であるから
$$\angle EIH = 180° \div 2 = 90°$$

16 直線 ℓ を折り目として折り返した図形を加えれば
よいから，下の図のようになる。

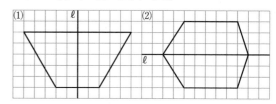

17 もとの図形とぴったりと重なるように，1 つの点
を中心として 180° 回転させたとき，その中心とし
た点が対称の中心である。
よって，下の図のようになる。

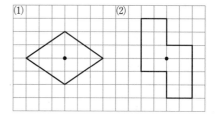

18 (1) 点 F
   (2) 辺 AB
   (3) この図形を，O を中心として 180° 回転する
       と，点 C は点 G に重なるから
       $$OC = OG$$
       よって $OG = 6 \, cm$
   (4) この図形を，O を中心として 180° 回転する
       と，点 D は点 H に重なるから
       $$\angle DOH = 180°$$

19 点 O を中心として 180° 回転した図形を加えれば
   よいから，下の図のようになる。

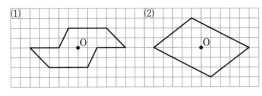

20 (1) 円は，直径を折り目として折ったとき，折
       り目とした直線の両側の部分がぴったりと重な
       る。
       したがって，対称の軸は，円の中心を通る直線
       である。
   (2) 円は，円の中心を回転の中心として 180° 回
       転させると，もとの図形とぴったりと重なる。
       したがって，対称の中心は，円の中心である。

21 (1) 平行である
   (2) 線分 AP，線分 CR
   (3) 辺 AC

22 (1) 辺 QR
   (2) $\angle AOP = 80°$
       また，$\angle AOP$ と等しい角は
       $\angle BOQ$，$\angle COR$
   (3) (ア) OP
       (イ) OB
       (ウ) OC

23 (1) 辺 PQ
   (2) 平行である
   (3) (ア) PD
       (イ) BE
       (ウ) ⊥

24 △ABC を右へ 6 めもり，下へ 1 めもり移動すれ
   ばよいから，下の図のようになる。

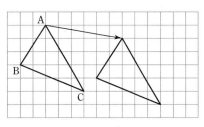

25 △OBE を点 O を回転の中心として，時計の針
   の回転と同じ向きに 90°，180°，270° 回転移動させ
   た三角形は，それぞれ △OAH，△ODG，△OCF
   である。
   この 3 個の三角形以外には，△OBE を点 O を中心
   として回転させて，重ね合わせることができる三角
   形はない。
   したがって，求める三角形は
       △OAH，△ODG，△OCF

26 直線 ℓ を折り目として折り返した図形になるか
   ら，下の図のようになる。

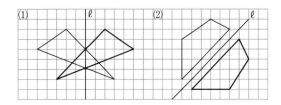

第
1
章

27 (1) ①を直線 DF を対称の軸として対称移動すると，④に重なる。
また，④を直線 EF を対称の軸として対称移動すると，③に重なる。
したがって，求める三角形は　③

(2) 次のような方法がある。
・点 A が点 F に重なるように平行移動させる。
・点 F を回転の中心として，時計の針の回転と反対の向きに 120° 回転させる。
・直線 BF を対称の軸として対称移動させる。

■ p.12 ■

28 ひし形は，その対角線の交点を対称の中心とする点対称な図形である。

(1) 2 つの四角形 ABQS と CDSQ は合同であるから
$$BQ = DS$$
したがって　$BQ = 3$ cm

(2) 2 つの四角形 APRD と CRPB は合同であるから
$$AP = CR$$
また，$CD = 10$ cm であるから
$$DR = CD - CR$$
$$= 10 - 2 = 8 \text{(cm)}$$

29 (1) 2 点 A，B は，線分 FH を折り目として重なる。
2 点 A，C は，線分 BD を折り目として重なる。
2 点 A，D は，線分 EG を折り目として重なる。
2 点 A，M は，線分 EF を折り目として重なる。
これら以外の点は，点 A と重なることはないから，点 A と重なる点は
$$B, \ C, \ D, \ M$$

(2) 点 Q の位置にくる点は，点 I に重なった点であるから，求める点は
$$I, \ J, \ K, \ L$$
点 R の位置にくる点は，点 F に重なった点であるから，求める点は
$$E, \ F, \ G, \ H$$

■ p.13 ■

30 OA = OD，OD = OG であるから
$$OA = OG$$
同様に　　OB = OH，OC = OI
ここで，線分 AD と線分 OQ の交点を R，線分 DG と線分 OP の交点を S とする。
∠AOR = ∠DOR，∠DOS = ∠GOS で，
∠DOR + ∠DOS = 45° であるから
$$\angle AOG = 45° \times 2 = 90°$$
同様に　　∠BOH = 90°，∠COI = 90°
よって，△ABC を，点 O を回転の中心として，時計の針の回転と反対の向きに 90° だけ回転移動すればよい。

31 右の図のように各点を定める。
9 個の正三角形の 1 辺の長さは
$$15 \div 3 = 5$$
である。

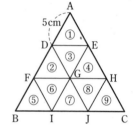

(1) 次のような方法がある。
・点 A が点 F に重なるように，10 cm 平行移動させる。
・点 G を回転の中心として，時計の針の回転と反対の向きに 120° 回転させる。
・直線 CG を対称の軸として対称移動させる。

(2) 対称の軸と辺 BC の交点を P とすると
$$BP = CP$$
BC = 15 であるから，点 B から対称の軸までの距離は
$$15 \div 2 = 7.5$$
　圏　7.5 cm $\left(\text{または } \dfrac{15}{2} \text{ cm}\right)$

(3) ∠DGH = 120°，∠EGJ = 120°，∠AGC = 120° であるから，①を点 G を回転の中心として，時計の針の回転と同じ向きに 120° だけ回転移動すると，⑨に重なる。

③ 作図

■ p.14 ■

32 ① 点 A を端点とする半直線をかく。点 A を中心
として，一番上の線分と長さが等しい半径の円
をかき，半直線との交点を B とする。
② 点 A を中心として，2番目の線分と長さが
等しい半径の円をかき，点 B を中心として，
3番目の線分と長さが等しい半径の円をかく。
③ ②でかいた2円の交点の1つを C とし，C
と A，C と B をそれぞれ結ぶ。
このとき，△ABC は求める三角形である。

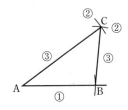

33 ① 3点 A，B，C をそれぞれ中心として，等し
い半径の円をかく。
② ①でかいた3つの円のうち，A，B をそれ
ぞれ中心とする2円の交点を P，Q とし，B，
C をそれぞれ中心とする2円の交点を R，S と
する。そして，直線 PQ，RS をそれぞれ引く。
[考察] このとき，直線 PQ は辺 AB の垂直二等分線，
直線 RS は辺 BC の垂直二等分線である。

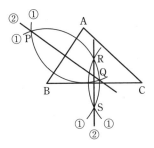

■ p.15 ■

34 ① 2点 A，B をそれぞれ中心として，等しい
半径の円をかく。
② ①でかいた2円の交点を通る直線を引き，
直線 ℓ との交点を M とする。
[考察] このとき，
点 M は，直線 ℓ
上にあって，2点
A，B から等しい
距離にある点であ
る。

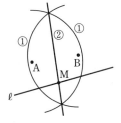

35 ① 点 B を中心とする円をかき，辺 BC，BA
との交点をそれぞれ P，Q とする。
② 2点 P，Q をそれぞれ中心として，等しい
半径の円をかく。その交点の1つを R として，
半直線 BR を引く。
[考察] このとき，半
直線 BR は，∠ABC
の二等分線である。
同様にして，∠ACB
の二等分線を作図す
る。

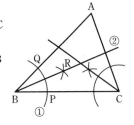

36 ① 2点 A，B をそれぞれ中心として，等しい半
径の円をかく。
② ①でかいた2円の交点を通る直線 PQ を引
く。
③ 点 B を中心とする円をかき，線分 BA，BC
との交点をそれぞれ R，S とする。2点 R，S
をそれぞれ中心として，等しい半径の円をかく。
④ ③でかいた2円の交点の1つを T として，半
直線 BT を引く。この半直線と直線 PQ の交点
を M とする。
[考察] このとき，点
M は，線分 AB の
垂直二等分線上にあ
って，線分 AB と線
分 BC から等しい距
離にある。

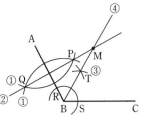

37 (1) ① 点 P を中心とする円をかき，直線 ℓ と
の交点を，それぞれ A，B とする。
② 2点 A，B をそれぞれ中心として，等
しい半径の円をかく。その交点の1つを
Q として，直線 PQ を引く。
[考察] このとき，直線 PQ は，点 P を通り直線
ℓ に垂直な直線である。
(2) ① 点 P を中心とする円をかき，直線 ℓ と
の交点を，それぞれ A，B とする。
② 2点 A，B をそれぞれ中心として，等し
い半径の円をかく。その交点の1つを Q
として，直線 PQ を引く。
[考察] このとき，直線 PQ は，点 P を通り直線
ℓ に垂直な直線である。

第1章

(1)

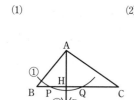

(2)

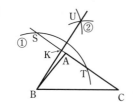

38 (1) ① 点Aを中心とする円をかき，直線BC
との交点を，それぞれP，Qとする。

② 2点P，Qをそれぞれ中心として，等し
い半径の円をかき，その交点の1つをR
とする。直線ARを引き，直線BCとの
交点をHとする。

[考察] このとき，線分AHは，辺BCを底辺と
する高さである。

(2) ① 点Bを中心とする円をかき，直線AC
との交点を，それぞれS，Tとする。

② 2点S，Tをそれぞれ中心として，等し
い半径の円をかき，その交点の1つをU
とする。直線BUを引き，直線ACとの
交点をKとする。

[考察] このとき，線分BKは，辺ACを底辺と
する高さである。

(1)

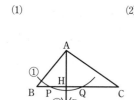

(2)

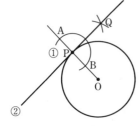

■ p.16 ■

39 ① 半直線OPを引く。点Pを中心とする円を
かき，半直線OPとの交点を，それぞれA，B
とする。

② 2点A，Bをそれぞれ中心として，等しい半
径の円をかく。その交点の1つをQとして，
直線PQを引く。

[考察] このとき，
直線PQは，点P
を通る円Oの接
線である。

40 ① 点Pを中心とする円をかき，直線 ℓ との交
点を，それぞれA，Bとする。

② 2点A，Bをそれぞれ中心として，等しい半
径の円をかく。その交点の1つをCとして，
直線PCを引く。

③ 直線PC上に点Oをとり，Oを中心として，
半径OPの円をかく。

[考察] このとき，
円Oは，点Pで
直線 ℓ に接する。

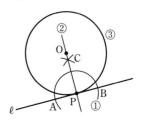

41 ① 2点A，Bを結び，線分ABの垂直二等分線
を作図する。

② 2点B，Cを結び，線分BCの垂直二等分線
を作図する。

③ ①，②で作図した2直線の交点をOとし，
Oを中心とする半径OAの円をかく。

[考察] このとき $\quad OA = OB, \quad OB = OC$
すなわち $\qquad OA = OB = OC$
が成り立つから，
円Oは3点A，
B，Cを通る。

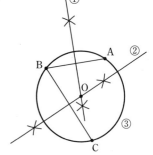

42 ① 円周上に適当な2点A，Bをとり，線分
ABの垂直二等分線を作図する。

② ①で作図した直線と直線 ℓ の交点をOと
する。

[考察] このとき，
$$OA = OB$$
であるから，点Oはこの円の中心である。

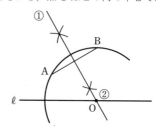

43 (1) ① 点 A を通り，線分 AB に垂直な直線を作
図する。

② ①で作図した直線上に点 C をとる。

[考察] このとき，∠CAB＝90° である。

(2) ① (1)で作図した∠CAB の二等分線を作図
する。

② ①で作図した直線上に点 D をとる。

[考察] このとき，∠DAB＝90°÷2＝45° である。

(1)

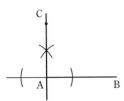

(2)

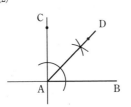

■ p.17 ■

44 ① 線分 AD の垂直二等分線 PQ を作図する。

[考察] このとき，直線 PQ を折り目として四角形
ABCD を折ると，その直線の両側の部分がぴった
りと重なるから，直線 PQ は対称の軸である。

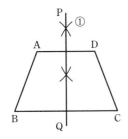

45 (1) ① ∠ABC の二等分線を作図する。

② ①で作図した二等分線と辺との交点を
E とする。

このとき，線分 BE が求める折り目の線であ
る。

(2) ① 線分 BD の垂直二等分線を作図する。

② ①で作図した垂直二等分線と辺との交
点をそれぞれ F，G とする。

このとき，線分 FG が求める折り目の線であ
る。

(1)

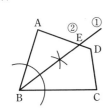

(2)

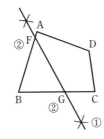

46 ① ∠ABC の二等分線を作図し，辺 AC との交
点を P とする。

② 点 A を通り，直線 BP に垂直な直線を作図
し，辺 BC との交点を Q とする。

[考察] このとき，直線 BP は線分 AQ の垂直二等分
線であり，直線 BP を折り目として△ABC を折る
と，頂点 A は点 Q に重なる。

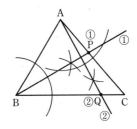

■ p.18 ■

47 ① 線分 AB の垂直二等分線を作図する。

② 点 C を通り，①で作図した直線に垂直な直
線を作図する。

③ ①，②で作図した2直線の交点を D とする。

[考察] このとき，
点 D は，2点 A，
B からの距離が
等しく，かつ，
点 C から最も近
い点である。

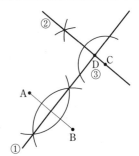

48 ① 線分 AB の垂直二等分線を作図し，線分
AB との交点を O とする。

② 点 O を中心として，半径 OA の円をかく。

[考察] このとき，点
O は線分 AB の中
点であり，円 O は
線分 AB の両端を
通る。

よって，円 O は線
分 AB を直径とす
る円である。

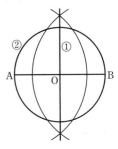

第1章

49 ① ∠ABCの二等分線を作図する。

② ∠BCDの二等分線を作図する。

③ ①，②で作図した2直線の交点をOとする。Oを通り，直線BCに垂直な直線を作図し，この直線と直線BCとの交点をEとする。

[考察] このとき，点Oから線分AB，BC，CDまでの距離はすべて等しいから，Oを中心とする半径OEの円はこれらの線分すべてに接する。

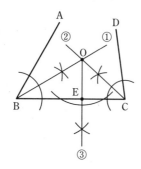

50 ① 線分ABの垂直二等分線を作図し，この直線と直線 ℓ との交点をCとする。

② ①で作図した直線上に，AD＝ACとなる点Dをとり，四角形ACBDをかく。

[考察] このとき，四角形ACBDの4つの辺は等しいから，四角形ACBDはひし形である。

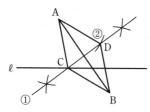

51 ① 点Aを通り直線 ℓ に垂直な直線を作図する。

② 直線 ℓ 上に，AC＝ABとなる点Cをとる。

③ 2点B，Cを中心として，それぞれ半径ABの円をかき，2円の交点のうちAでない方をDとする。

④ ①で作図した直線と，直線BDの交点をPとする。

[考察] このとき，四角形DCABは，4つの辺の長さがすべて等しいから，ひし形である。ひし形の向かい合う辺は平行であるから，直線DBと ℓ は平行である。

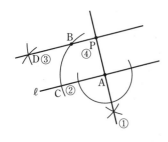

■ p.19 ■

52 (1) 線分ABの垂直二等分線を作図し，線分ABとの交点をMとする。

(2) ① 点Oを通り，直線OMに垂直な直線ONを作図する。

② ∠MONの二等分線を作図し，この直線上にOP＝OMとなる点Pをとる。

[考察] このとき，∠MOP＝45°であるから，点Pは，点Mを点Oを中心として，時計の針の回転と反対の向きに45°回転移動した点である。

(1)   (2)

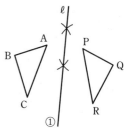

53 ① 線分APの垂直二等分線 ℓ を作図する。

[考察] このとき，△PQRを，直線 ℓ を折り目として折り返すと，△ABCに重なる。よって，直線 ℓ は対称の軸である。

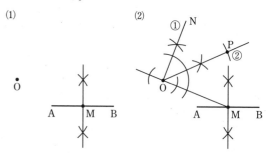

54 ① 点Aを通り，直線 ℓ に垂直な直線を作図し，ℓ との交点をPとする。

② ①で作図した直線上に，PC＝PAとなる点Cをとる。

③ 点Bについても同様に点Dを作図し，線分CDを引く。

[考察] このとき，線分CDを，直線 ℓ を折り目として折り返すと，線分ABに重なる。よって，線分CDは，線分ABを ℓ を対称の軸として対称移動したものである。

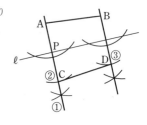

55 ① 点 C を通り，直線 OB に垂直な直線を作図する。

② ∠AOB の二等分線を作図し，① で作図した直線との交点を P とする。

③ 点 P を中心とする半径 PC の円をかく。

［考察］このとき，この円は，点 C で半直線 OB に接し，さらに，半直線 OA にも接する。

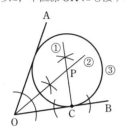

56 (1) ① 点 P を通り，直線 m に垂直な直線を作図する。

［考察］① で作図した直線を n とすると，直線 n は半円 O の半径 OP に垂直であるから，直線 n は，点 P における半円 O の接線である。

(2) ① 接線 n と直線 ℓ との交点を Q とする。

② ∠OQP の二等分線を作図し，直線 m との交点を R とする。

③ 点 R を中心とする半径 PR の円をかく。

［考察］このとき，この円は，線分 OP 上に中心があり，半円 O と線分 OB に接する。

(1)

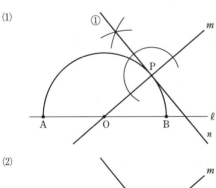

(2)

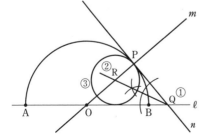

57 ① 線分 AB の A を越える延長上に点 P をとる。点 A を通り，直線 AB に垂直な直線を作図し，この直線上に点 Q をとる。

② ∠PAQ の二等分線を作図し，この直線上に，AC＝AB となる点 C をとる。B と C を結ぶ。

［考察］このとき，∠PAC＝90°÷2＝45°であるから，∠CAB＝180°－45°＝135°である。

よって，△ABC は求める三角形である。

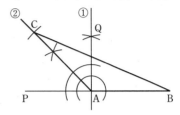

58 ① 半直線 OA 上に，適当な点 Q をとる。点 Q を通り，直線 OB に垂直な直線を作図し，半直線 OB との交点を C とする。

② ① で作図した直線 QC 上に，PC＝QC となる，Q とは異なる点 P をとり，半直線 OP を引く。

［考察］このとき，OP は，OQ を半直線 OB を対称の軸として対称移動したものになる。よって，∠POC＝∠QOC であるから，半直線 OB は∠POA の二等分線になる。

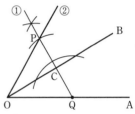

59 ① ∠XOY の二等分線 OP を作図する。

② 点 K を通り直線 OP に垂直な直線を作図し，半直線 OX，OY との交点をそれぞれ A，B とする。

［考察］このとき，△AOB は OP を対称の軸として線対称であるから，OA＝OB が成り立つ。よって，直線 AB を直線 ℓ とすればよい。

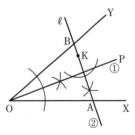

④ 面積と長さ

■ p.21 ■

60 (1) $6 \times 9 = 54 \, (\mathrm{cm}^2)$

(2) $7 \times 4 \div 2 = 14 \, (\mathrm{cm}^2)$

(3) $8 \times 5 \div 2 = 20 \, (\mathrm{cm}^2)$

(4) $6 \times 5 = 30 \, (\mathrm{cm}^2)$

(5) $9 \times 8 \div 2 = 36 \, (\mathrm{cm}^2)$

(6) $(4+9) \times 7 \div 2 = \dfrac{91}{2} \, (\mathrm{cm}^2)$

61 (1) 面積は $\quad 8 \times 8 \times \pi = 64\pi \, (\mathrm{cm}^2)$

周の長さは $\quad (8 \times 2) \times \pi = 16\pi \, (\mathrm{cm})$

(2) 面積は $\quad \dfrac{5}{2} \times \dfrac{5}{2} \times \pi = \dfrac{25}{4}\pi \, (\mathrm{cm}^2)$

周の長さは $\quad \left(\dfrac{5}{2} \times 2\right) \times \pi = 5\pi \, (\mathrm{cm})$

(3) 円の半径は $6 \, \mathrm{cm}$ であるから

面積は $\quad 6 \times 6 \times \pi = 36\pi \, (\mathrm{cm}^2)$

周の長さは $\quad 12 \times \pi = 12\pi \, (\mathrm{cm})$

■ p.22 ■

62 (1) 弧の長さは

$$2\pi \times 4 \times \frac{45}{360} = \pi \, (\mathrm{cm})$$

面積は

$$\pi \times 4^2 \times \frac{45}{360} = 2\pi \, (\mathrm{cm}^2)$$

(2) 弧の長さは

$$2\pi \times 10 \times \frac{54}{360} = 3\pi \, (\mathrm{cm})$$

面積は

$$\pi \times 10^2 \times \frac{54}{360} = 15\pi \, (\mathrm{cm}^2)$$

(3) 周の長さは

$$2\pi \times 6 \times \frac{150}{360} + 6 \times 2 = 5\pi + 12 \, (\mathrm{cm})$$

面積は

$$\pi \times 6^2 \times \frac{150}{360} = 15\pi \, (\mathrm{cm}^2)$$

(4) 周の長さは

$$2\pi \times 5 \times \frac{216}{360} + 5 \times 2 = 6\pi + 10 \, (\mathrm{cm})$$

面積は

$$\pi \times 5^2 \times \frac{216}{360} = 15\pi \, (\mathrm{cm}^2)$$

63 (1) 周の長さは

$$10 \times \pi + 10 \times 2 = 10\pi + 20 \, (\mathrm{cm})$$

面積は

$$\pi \times 5^2 + 10 \times 10 = 25\pi + 100 \, (\mathrm{cm}^2)$$

(2) 周の長さは

$$2\pi \times 4 \times \frac{180}{360} + 4 + 8 + 4 = 4\pi + 16 \, (\mathrm{cm})$$

面積は

$$8 \times 8 - \pi \times 4^2 \times \frac{180}{360} = 64 - 8\pi \, (\mathrm{cm}^2)$$

(3) 周の長さは

$$8 \times \pi \times \frac{180}{360} + 3 \times \pi \times \frac{180}{360} + 5 \times \pi \times \frac{180}{360}$$
$$= 8\pi \, (\mathrm{cm})$$

面積は

$$\pi \times 4^2 \times \frac{180}{360}$$
$$- \left\{ \pi \times \left(\frac{3}{2}\right)^2 \times \frac{180}{360} + \pi \times \left(\frac{5}{2}\right)^2 \times \frac{180}{360} \right\}$$
$$= 8\pi - \frac{17}{4}\pi$$
$$= \frac{15}{4}\pi \, (\mathrm{cm}^2)$$

64 (1) $\dfrac{1}{2} \times 8\pi \times 10 = 40\pi \, (\mathrm{cm}^2)$

(2) $\dfrac{1}{2} \times 6\pi \times 7 = 21\pi \, (\mathrm{cm}^2)$

65 $\triangle \mathrm{DEB}$ の面積は

$$\mathrm{BE} \times \mathrm{AD} \div 2 = (6-3) \times 8 \div 2 = 12 \, (\mathrm{cm}^2)$$

$\triangle \mathrm{DBF}$ の面積は

$$\mathrm{BF} \times \mathrm{CD} \div 2 = 5 \times 6 \div 2 = 15 \, (\mathrm{cm}^2)$$

よって，四角形 EBFD の面積は

$$12 + 15 = 27 \, (\mathrm{cm}^2)$$

66 ひもの長さは

$$2\pi \times 3 + 6 \times 4 = 6\pi + 24 \, (\mathrm{cm})$$

面積は

$$\pi \times 3^2 + (6 \times 3) \times 4 + 6 \times 6$$
$$= 9\pi + 72 + 36$$
$$= 9\pi + 108 \, (\mathrm{cm}^2)$$

67 (1) 周の長さは，直径 8 cm の円の周の長さに等
しいから

$$8 \times \pi = 8\pi \,(\text{cm})$$

面積は

$$8 \times 8 - \pi \times 4^2 = 64 - 16\pi \,(\text{cm}^2)$$

(2) 周の長さは，半径 5 cm の半円の弧の長さに
等しいから

$$2\pi \times 5 \times \frac{1}{2} = 5\pi \,(\text{cm})$$

面積は，半径 5 cm，中心角 90° の扇形から，
直角をはさむ 2 辺の長さが 5 cm の直角二等辺
三角形を除いた部分の面積の 2 倍である。
よって，求める面積は

$$\left(\pi \times 5^2 \times \frac{90}{360} - 5 \times 5 \div 2 \right) \times 2$$
$$= \frac{25}{2}\pi - 25 \,(\text{cm}^2)$$

(3) 周の長さは

$$10 \times \pi \times \frac{1}{2} + 2\pi \times 10 \times \frac{90}{360} + 10$$
$$= 10\pi + 10 \,(\text{cm})$$

面積は

$$\pi \times 10^2 \times \frac{90}{360} - \pi \times 5^2 \times \frac{1}{2}$$
$$= \frac{25}{2}\pi \,(\text{cm}^2)$$

(4) 図は，半径が 6 cm，4 cm，2 cm である
3 つの半円の弧が組み合わされている。
よって，周の長さは

$$2\pi \times 6 \times \frac{1}{2} + 2\pi \times 4 \times \frac{1}{2} + 2\pi \times 2 \times \frac{1}{2}$$
$$= 12\pi \,(\text{cm})$$

面積は

$$\pi \times 6^2 \times \frac{1}{2} - \pi \times 4^2 \times \frac{1}{2} + \pi \times 2^2 \times \frac{1}{2}$$
$$= 12\pi \,(\text{cm}^2)$$

(5) 周の長さは

$$10 \times \pi + 2\pi \times 10 \times \frac{90}{360} = 15\pi \,(\text{cm})$$

面積は，右の図
の影をつけた部
分の面積と等し
いから

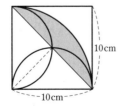
10cm
10cm

$$\pi \times 10^2 \times \frac{90}{360}$$
$$- 10 \times 10 \div 2$$
$$= 25\pi - 50 \,(\text{cm}^2)$$

別解 面積についての別解
面積は，半径 10 cm，中心角 90° の扇形から直
径 10 cm の円の面積をひいたものに，直径
10 cm の半円 2 つが重なった部分の面積の 2 倍
をたせばよい。
直径 10 cm の半円 2 つが重なった部分の面積
は，(2) より $\left(\frac{25}{2}\pi - 25 \right) \text{cm}^2$ であるから，
求める面積は

$$\pi \times 10^2 \times \frac{90}{360} - \pi \times 5^2 + \left(\frac{25}{2}\pi - 25 \right) \times 2$$
$$= 25\pi - 50 \,(\text{cm}^2)$$

(6) 周の長さは，直径が 8 cm である半円の弧
4 つ分であるから

$$8 \times \pi \times \frac{1}{2} \times 4$$
$$= 16\pi \,(\text{cm})$$

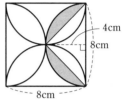
4cm
8cm
8cm

面積は，右の図
の影をつけた部
分の面積の 4 倍
であるから

$$\left(\pi \times 4^2 \times \frac{1}{2} - 8 \times 4 \div 2 \right) \times 4$$
$$= 32\pi - 64 \,(\text{cm}^2)$$

68 正方形は，対角線の交点を対称の中心とする点
対称な図形である。点対称な図形を対称の中心を通
る直線で切ると，2 つに分かれた図形は合同になる。
したがって，正方形の面積は，対角線の交点を通る
直線によって 2 等分される。
よって，影をつけた部分の面積は，大きい正方形の
面積の半分から，内部の小さい正方形の面積の半分
をひいたものである。
したがって，求める面積は

$$12 \times 12 \div 2 - 4 \times 4 \div 2 = 64 \,(\text{cm}^2)$$

69 AC と $\overset{\frown}{\text{AB}}$ の交点を
D とし，D から AB
に引いた垂線の足を E
とする。
△ADE は AE = DE
の直角二等辺三角形で
あるから，E は半円の
中心である。
よって，上の図の斜線部分の面積

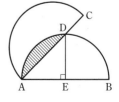
C
D
A
E
B

$$\pi \times 3^2 \times \frac{90}{360} - 3 \times 3 \div 2 = \frac{9}{4}\pi - \frac{9}{2} \,(\mathrm{cm}^2)$$

したがって，求める面積は

$$\pi \times 3^2 \times \frac{1}{2} - \left(\frac{9}{4}\pi - \frac{9}{2}\right) = \frac{9}{4}\pi + \frac{9}{2} \,(\mathrm{cm}^2)$$

70 影をつけた部分の面積は，△ABC と AB，CA
をそれぞれ直径とする半円の面積をたしたものから，
BC を直径とする半円の面積をひいたものである。
よって，求める面積は

$$8 \times 6 \div 2 + \pi \times 4^2 \times \frac{1}{2} + \pi \times 3^2 \times \frac{1}{2} - \pi \times 5^2 \times \frac{1}{2}$$
$$= 24 \,(\mathrm{cm}^2)$$

71 (1) 半径が 8 cm の円の周の長さは
$$2\pi \times 8 = 16\pi \,(\mathrm{cm})$$

一方，$\overset{\frown}{\mathrm{AB}}$ の長さが 2π cm である。
1 つの円において，扇形の弧の長さは中心角の
大きさに比例する。
円の中心角は 360° と考えることができるから

$$\angle \mathrm{AOB} = \frac{2\pi}{16\pi} \times 360°$$
$$= 45°$$

よって $\angle \mathrm{COD} = 180° - 45°$
$$= 135°$$

したがって，$\overset{\frown}{\mathrm{CD}}$ の長さは

$$2\pi \times 12 \times \frac{135}{360} = 9\pi \,(\mathrm{cm})$$

(2) $\pi \times 8^2 \times \frac{45}{360} + \pi \times 12^2 \times \frac{135}{360}$
$$= 8\pi + 54\pi$$
$$= 62\pi \,(\mathrm{cm}^2)$$

別解 半径が r，弧の長さが ℓ の扇形の面積は

$$\frac{1}{2}\ell r$$

となる。
この公式を用いると，求める面積は

$$\frac{1}{2} \times 2\pi \times 8 + \frac{1}{2} \times 9\pi \times 12$$
$$= 62\pi \,(\mathrm{cm}^2)$$

72 右の図のように，
3 本のパイプの中心
を A，B，C とする
と，△ABC は 1 辺
の長さが 16 cm の
正三角形である。

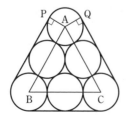

また，図の扇形 APQ の弧の長さは
$$2\pi \times 4 \times \frac{120}{360} = \frac{8}{3}\pi \,(\mathrm{cm})$$

よって，求めるロープの長さは
$$16 \times 3 + \frac{8}{3}\pi \times 3 = 48 + 8\pi \,(\mathrm{cm})$$

■ p.25 ■

73 点 B(C) は，A を中心とする半径 8 cm の円の
周上を動く。
また，点 H は，A を中心とする半径 6 cm の円の
周上を動く。
よって，辺 BC が通過した部分の面積は
$$\pi \times 8^2 - \pi \times 6^2 = 28\pi \,(\mathrm{cm}^2)$$

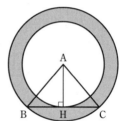

74 (1) 点 O が動いてできる線と正方形の辺で囲ま
れた部分は，下の図の影をつけた部分である。
よって，求める面積は

$$(12 \times 2) \times 4 + \left(\pi \times 2^2 \times \frac{90}{360}\right) \times 4$$
$$= 96 + 4\pi \,(\mathrm{cm}^2)$$

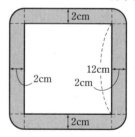

(2) 点 O が動いてできる線と正方形の辺で囲ま
れた部分は，下の図の影をつけた部分である。
よって，求める面積は
$$12 \times 12 - 8 \times 8 = 80 \,(\mathrm{cm}^2)$$

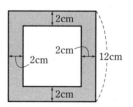

75 (1) 点Oが動いてできる線は，下の図の太線である。

① の部分は，半径 1 cm，中心角 120° の扇形の弧であるから，求める線の長さは

$$5 \times 3 + \left(2\pi \times 1 \times \frac{120}{360}\right) \times 3$$
$$= 15 + 2\pi \,(\text{cm})$$

(2) 点Oが動いてできる線と正三角形の辺で囲まれた部分は，下の図の影をつけた部分である。
よって，求める面積は

$$(5 \times 1) \times 3 + \left(\pi \times 1^2 \times \frac{120}{360}\right) \times 3$$
$$= 15 + \pi \,(\text{cm}^2)$$

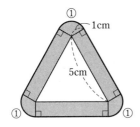

76 糸が辺 AB に巻きつくまでに点 P が動いてできる線は，半径 18 cm，中心角 120° の扇形の弧である。
よって，その長さは

$$2\pi \times 18 \times \frac{120}{360} = 12\pi \,(\text{cm})$$

続いて，糸が辺 BC に巻きつくまでに点 P が動いてできる線は，半径 12 cm，中心角 120° の扇形の弧である。
よって，その長さは

$$2\pi \times 12 \times \frac{120}{360} = 8\pi \,(\text{cm})$$

さらに，糸が辺 CA に巻きつくまでに点 P が動いてできる線は，半径 6 cm，中心角 120° の扇形の弧である。
よって，その長さは

$$2\pi \times 6 \times \frac{120}{360} = 4\pi \,(\text{cm})$$

したがって，求める長さは

$$12\pi + 8\pi + 4\pi = 24\pi \,(\text{cm})$$

また，糸が辺 AB に巻きつくまでに通過する部分は，半径 18 cm，中心角 120° の扇形である。
よって，その面積は

$$\pi \times 18^2 \times \frac{120}{360} = 108\pi \,(\text{cm}^2)$$

同様にして，糸が辺 BC，CA に巻きつくまでに通過する部分は，それぞれ半径 12 cm，中心角 120°，半径 6 cm，中心角 120° の扇形になるから，求める面積は

$$108\pi + \pi \times 12^2 \times \frac{120}{360} + \pi \times 6^2 \times \frac{120}{360}$$
$$= 168\pi \,(\text{cm}^2)$$

■ p.26 ■

77 点Oが動いてできる線は，下の図の太線である。
半円の弧が直線 ℓ に接しながら動くとき，O と ℓ の距離は一定であるから，下の図の AB は ℓ に平行な線分である。
その長さは，半円 O の弧の長さに等しいから

$$\text{AB} = 2\pi \times 6 \times \frac{1}{2} = 6\pi \,(\text{cm})$$

また，① の部分は，半径 6 cm，中心角 90° の扇形の弧である。

(1) 求める線の長さは

$$\left(2\pi \times 6 \times \frac{90}{360}\right) \times 2 + 6\pi = 12\pi \,(\text{cm})$$

(2) 求める面積は

$$\left(\pi \times 6^2 \times \frac{90}{360}\right) \times 2 + 6\pi \times 6 = 54\pi \,(\text{cm}^2)$$

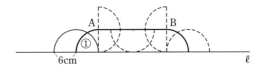

78 (1) 線分 BC が通過してできる図形は，右の図の影をつけた部分である。

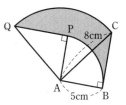

(2) 求める面積は，
　　△ABC の面積＋扇形 ACQ の面積
　　　　－(△APQ の面積＋扇形 ABP の面積)
すなわち，
　　扇形 ACQ の面積－扇形 ABP の面積
である。

よって，求める面積は
$$\pi \times 8^2 \times \frac{90}{360} - \pi \times 5^2 \times \frac{90}{360} = 16\pi - \frac{25}{4}\pi$$
$$= \frac{39}{4}\pi \ (\mathrm{cm}^2)$$

別解　求める面積は，
右の図の影をつけた
部分の面積と等しい。
よって，求める面積は

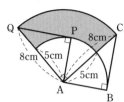

$$\pi \times 8^2 \times \frac{90}{360} - \pi \times 5^2 \times \frac{90}{360} = 16\pi - \frac{25}{4}\pi$$
$$= \frac{39}{4}\pi \ (\mathrm{cm}^2)$$

79　円 O の中心が動いてできる線は，下の図の太線
である。

下の図の △ABP と △ABQ は正三角形であるから，
$\overset{\frown}{\mathrm{PQ}}$ の中心角の大きさは
$$360° - 60° \times 2 = 240°$$

$\overset{\frown}{\mathrm{PQ}}$ は半径 4 cm，中心角 240° の扇形の弧であるか
ら，求める線の長さは
$$\left(2\pi \times 4 \times \frac{240}{360}\right) \times 2 = \frac{32}{3}\pi \ (\mathrm{cm})$$

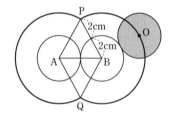

章　末　問　題

■ p.27 ■

1 (1)　△ABC において，条件 [1] を満たす点 D は
AD＝BD であるから，D は 2 点 A，B からの距離
が等しい点である。
　　　よって，点 D は辺 AB の垂直二等分線上にある。

(2)　条件 [2] を満たす点 D は，∠ABC の二等分線上
にあり，△ABC の内部である。

(3)　①　辺 AB の垂直二等分線を作図する。
　　②　∠ABC の二等分線を作図し，① で作図し
た直線との交点を D とする。
　　[考察]　このとき，点 D は条件 [1] と [2] をともに
満たす。線分 AD を引くと △ABD ができる。

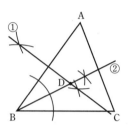

2 (1)　点 O と D は直線
AC を対称の軸とし
て線対称であるから，
直線 AC は線分 OD
の垂直二等分線であ
る。

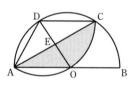

　　　よって　AO＝AD
　　　線分 OA，OD は半円の半径であるから
　　　　OA＝OD
　　　よって，△DAO は正三角形である。

(2)　△CDO も正三角形であるから，四角形 DAOC
はひし形であり，対角線の交点 E を対称の中心
として，点対称である。
　　　よって，図形 EOC と図形 EDA は点対称であり，
面積が等しい。

(3)　求める図形の面積は，△AOE と図形 EDA を
合わせた部分の面積と等しく，扇形 ᵃ⃞ODA⃞ の面
積と等しい。
　　　∠AOD＝60° であるから，求める面積は
$$\pi \times 6^2 \times \frac{60}{360} = \boxed{^{ｲ} \ 6\pi} \ (\mathrm{cm}^2)$$

3 (1) (ア) C   (イ) 8

(2) 線分 AC 上の点のうち，点 B との距離が最小となる点 H は，点 B から辺 AC に引いた垂線の足である。

(3) 最小距離 BH は，△ABC の底辺を AC と考えたときの高さであるから，△ABC の面積から BH を求める。

$$\triangle ABC = \frac{1}{2} \times 6 \times 8 = 24 \, (cm^2)$$

よって $\frac{1}{2} \times 10 \times BH = 24$

$$BH = \frac{24}{5} \, (cm)$$

(4) 点 B を回転の中心として △ABC を 360° 回転すると，線分 AC は，右の図の影をつけた部分を通過する。

したがって，求める面積は

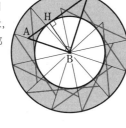

$$\pi \times 8^2 - \pi \times \left(\frac{24}{5}\right)^2$$

$$= \frac{1024}{25} \pi \, (cm^2)$$

第2章　空間図形

1 いろいろな立体

■ p.28 ■

1　(1)　①, ②
　　(2)　④, ⑤
　　(3)　⑥
　　(4)　③

2　(1)　正四面体
　　(2)　正六面体 (立方体)
　　(3)　正八面体

3　各多面体について，頂点の数，辺の数，面の数は，それぞれ次の表のようになる。

	(1) 四角錐	(2) 立方体	(3) 正四面体
頂点の数	5	8	4
辺の数	8	12	6
面の数	5	6	4

よって，(頂点の数)−(辺の数)+(面の数) は，それぞれ次のようになる。
　(1)　$5-8+5=2$
　(2)　$8-12+6=2$
　(3)　$4-6+4=2$

参考　いろいろな多面体について，
　　　(頂点の数)−(辺の数)+(面の数)
の値は，2になることが知られている。

2 空間における平面と直線

■ p.29 ■

4　②, ④
【①, ③ が選ばれない理由】
　①　3点 A，B，C が同じ直線上にある場合は，平面はただ1つに決まらない。
　③　2直線 ℓ，m がねじれの位置にある場合は，ℓ，m を含む平面が存在しない。

5　(1)　直線 BE，CF
　　(2)　直線 AB，BE，CF
　　(3)　直線 AB，BC，BE

■ p.30 ■

6　②
【①, ③ が正しくない理由】
　①　ℓ と m が交わる場合がある。
　③　ℓ と n がねじれの位置にある場合がある。

7　(1)　平面 BCGF と交わらないような直線を選べばよい。
　　　　よって，平面 BCGF と平行な直線は
　　　　　　　直線 AD，DH，HE，EA
　　(2)　AE⊥AB，AE⊥AD
　　　　BF⊥AB，BF⊥BC
　　　　CG⊥BC，CG⊥CD
　　　　DH⊥CD，DH⊥DA
　　　　である。
　　　　よって，平面 ABCD と垂直な直線は
　　　　　　　直線 AE，BF，CG，DH

8　①, ②
【③ が正しくない理由】
　ℓ と m が交わる場合やねじれの位置にある場合がある。

9　(1)　平面 ABC と平行な平面は，平面 ABC と交わらない平面であるから
　　　　　　　平面 DEF
　　(2)　直線 BC と平面 ABED は垂直
　　　　直線 EF と平面 ABED は垂直
　　　　である。

直線 BC, EF を含む平面は, 平面 ABED と垂
直である。
よって, 平面 ABED と垂直な平面は
    平面 ABC, BEFC, DEF
(3) 直線 AD と平面 DEF は垂直
    直線 BE と平面 DEF は垂直
    直線 CF と平面 DEF は垂直
である。
直線 AD, BE, CF を含む平面は, 平面 DEF と
垂直である。
よって, 平面 DEF と垂直な平面は
    平面 ABED, BEFC, CADF

10 (1) 平面 AGHB と平面 EKJD は平行であるから,
    直線 DE と平行な直線は
        直線 AB
(2) 平面 FLKE と平面 BHIC は平行であるから,
    直線 EF と直線 BC は平行である。
    また, 直線 BC は, 直線 HI, LK とも平行であ
    る。
    したがって, 求める直線は
        直線 BC, HI, LK

■ p.31 ■
11 条件を満たす平面は
        平面 ABC, ABD, ACD, BCD
であるから 4つ ある。
[参考] 正四面体の4つの頂点は同じ平面上にない。
また, どの3点も同じ直線上にない。

12 (1) 直線 BC とねじれの位置にある直線は, BC と
    同じ平面上にない直線であるから
        直線 AG, DJ, EK, FL,
            GH, IJ, JK, LG
    [注意] 直線 BC と直線 LK は同じ平面上にある。
(2) 平面 ABCDEF と垂直な直線は
        直線 AG, BH, CI, DJ, EK, FL
    よって 6本
(3) 平面 AGJD と平行な直線は, 平面 AGJD と
    交わらない直線であるから
        直線 BC, FE, HI, LK,
            BH, CI, FL, EK
(4) 直線 AI を含む平面 AIJ に, 直線 EJ は含ま
    れないから, 直線 AI と直線 EJ は同じ平面上
    にない。

よって, 2点 A, I を通る直線と, 2点 E, J
を通る直線は, ねじれの位置にある。

13 AC∥EG であるから, 3点 A, C, F を通る平
面と, 2点 E, G を通る直線の位置関係は
    ① 平行である
    ② 2点 E, G を通る直線が, 3点 A, C, F を
        通る平面に含まれる
のどちらかである。
② ではないことを確かめる。
AF は, 平面 AEFB に含まれている。また, EG は
平面 AEFB と1点 E で交わっている。
これらのことから, AF と EG は交わらないことが
わかる。
また, AF と EG は平行ではない。
よって, AF と EG はねじれの位置にある。
したがって, 上の ② は起こり得ない。
以上により, 3点 A, C, F を通る平面と, 2点 E,
G を通る直線の位置関係は平行であることがわかる。

③ 立体のいろいろな見方

■ p.32 ■

14 (1) 底面が1辺4cmの正三角形で，高さが
　　9cmである　正三角柱
　　(2) 底面が1辺3cmの正五角形で，高さが
　　10cmである　正五角柱

15 (1) できる回転体は円錐である。
　　(2) できる回転体は円柱である。

(1)　　　　　　　(2)

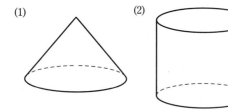

■ p.33 ■

16 (1) 切り口は三角形になる。
　　(2) 3点 M, N, F を通る平面は，点 H を通るか
　　ら，切り口は四角形になる。
　　(3) 3点 M, N, G を通る平面は，辺 BF, DH
　　上の点をそれぞれ通るから，切り口は五角形に
　　なる。
　　(4) 3点 M, N, J を通る平面は，辺 DH, FG,
　　GH 上の点をそれぞれ通るから，切り口は六角
　　形になる。

17 見取図は下の図のようになる。

(1)　　　　　　　(2)

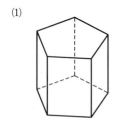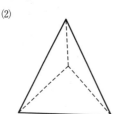

(3)

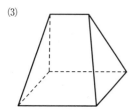

18 (1) 直方体（四角柱）
　　(2) 四角錐
　　(3) 円柱

19 (1) 展開図を組み立てたとき，辺 AF と辺 EF
　　が重なるから，点 A に重なる点は
　　　　　　点 E
　　(2) 展開図を組み立てたとき，点 D と点 B が
　　重なり，点 E と点 A が重なるから，辺 DE
　　に重なる辺は
　　　　　　辺 BA
　　(3) 展開図を組み立て
　　たとき，右の図のよ
　　うになるから，点 E
　　に集まる面は
　　　面 ア，イ，エ

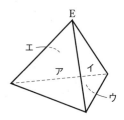

■ p.34 ■

20 (1)〜(3)の見取図は下の図のようになる。

(1)　　　　　　　(2)

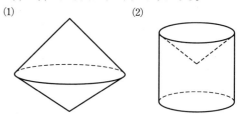

(3)

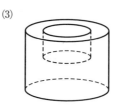

(4) 与えられた図形
　に，右の図[1]の
　ように名前をつ
　ける。
　四角形 EFCD を
　直線 ℓ を対称の
　軸として対称移動

[1]

すると，次の図[2]のようになる。
したがって，この図[2]を，直線 ℓ を軸として
1回転させればよいから，求める回転体の見取
図は，次の図[3]のようになる。

[2] 　[3]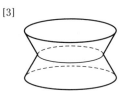

21 (1)　切り口は △ACH になる。

　　平面 ABCD，CDHG，ADHE は合同な正方形
であるから，対角線 AC，CH，HA の長さは
等しい。

　　よって，切り口は　正三角形　である。

(2)　切り口は四角形 MNED になる。

　　平面 BCGF と平面 ADHE は平行であるから
$$MN\!/\!/DE$$

　　よって，切り口は　台形　である。

　　参考　さらに，DM＝EN であるから，切り口
の台形は等脚台形である。

(2)
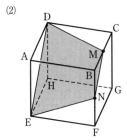

22　切り口は，次のような場合が考えられる。

① 二等辺三角形　　　③ 台形

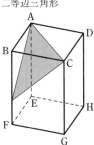　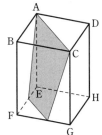

④ 正三角形　　　⑤ 長方形

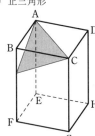　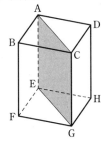

【切り口の形が ② にはならない理由】

　四角形 ABCD は正方形であるから，△ABC は
∠ABC＝90° の直角二等辺三角形である。

　辺 BF 上に点 I をとり，3 点 A，C，I を通る平
面で与えられた直方体を切断すると考える。

　このとき切り口の図形は △ACI となるが
$$∠AIC<∠ABC$$
であるから　　∠AIC<90°
となる。

　よって，△ACI は直角三角形にはならない。

　辺 DH 上に点 I をとり，3 点 A，C，I を通る平
面で切断する場合も同様である。

【切り口の形が ⑥ にはならない理由】

　切り口の形が五角形になるのは，切り口となる
平面が与えられた直方体の 5 つの面と交わる場合
である。

　しかし，線分 AC を含む面は，与えられた直方
体と，最大でも 4 つの面としか交わらない。

　よって，切り口は五角形にはならない。

答　①，③，④，⑤

■ p.35 ■

23　投影図で表された立体は，それぞれ次の見取図
で表される。

①
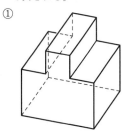　②
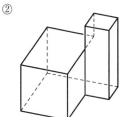

③
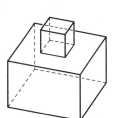　④
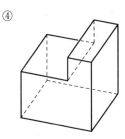

各立体の面の数は

　①は 10，　②は 10，　③は 11，　④は 8
である。

したがって，面の数が最も多い立体は　③

24 (1) 展開図を組み立て
たとき，辺 JA と
辺 JI が重なる。
よって，点 A に重
なる点は，点 I

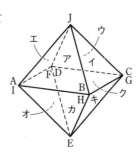

(2) 辺 FE

(3) 面キ

25 下の図の影をつけた部分にかき加えればよい。

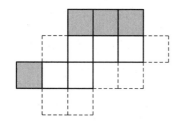

26 (ア) 二十面体 　　(イ) 20
　　(ウ) 60 　　　　　　(エ) 5
　　(オ) 12 　　　　　　(カ) 60
　　(キ) 2 　　　　　　　(ク) 30

■ p.36 ■

27 ①，④

【② が正しくない理由】
　組み立てたとき，立方体ができないから。

【③ が正しくない理由】
　組み立てたとき，2 と 4 の目（あるいは，3 と 5 の
目）が向かい合うから。

28 (1) 展開図を組み立てたとき，面 ABCN と
面 JGFK は平行であるから，線分 BN に平行な
線分は線分 GK である。

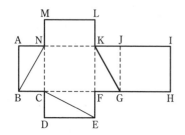

(2) 展開図を組み立
ててできる直方体
は，右の図のよう
になるから，線分
CE と垂直に交わ
る辺は
　　辺 CN，GJ

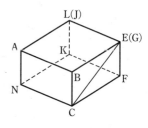

(3) 辺 AB とねじれの位置にある辺は，AB と
同じ平面上にない辺であるから
　　辺 CF，NK，LK（JK），EF（GF）

29 展開図において，2 点 B, D を結ぶ線のうち，最
も長さが短いのは線分 BD である。
　よって，下の図のように，線分 BD と AC の交点
を E とすればよい。

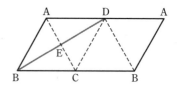

■ p.37 ■

30 展開図を組み立てて
できる立体は，右のよ
うな見取図で表される。
この立体は，立方体の
8 個の頂点について，
角を切り落とした形で
ある。

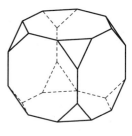

【頂点の数】
　角を切り落とす前の立方体には，頂点が 8 個ある。
　おのおのの頂点について，角を切り落とした後の
頂点の個数は 3 である。
　よって，与えられた立体の頂点の数は
$$8 \times 3 = 24 (個)$$

【辺の数】
　角を切り落とす前の立方体の辺の数は 12 である。
　角を切り落としても，もとの立方体の辺はすべて
残る。
　また，立方体の 8 個の頂点について，角を切り落
とすと，1 つの頂点につき，新たに 3 本の辺がで
きる。
　よって，与えられた立体の辺の数は
$$12 + 8 \times 3 = 36 (本)$$

31　展開図を組み立てたとき，下の図のような直方体ができ，切り口は四角形 ABDC となる。
AC∥BD，AB∥CD で，AC⊥AB であるから，切り口は長方形である。

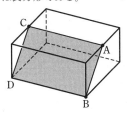

32　(1)　PB＝BQ であるから，BQ の長さは
$$3 \text{ cm}$$

　　(2)　インクがついた部分は，
面 ABCD の △PBQ，
面 ABFE の台形 PBFE，
面 BCGF の台形 BQGF，
面 EFGH の △EFG
である。
よって，下の図のようになる。

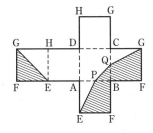

33　(1)　展開図に，辺 BC，CA，AD，DB をそれぞれ 1：2 に分ける点 P，Q，R，S をとり，線分で結べばよいから，下の図のようになる。

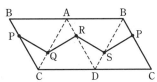

　　(2)　下の展開図において，2 点 P，R を結ぶ線のうち，長さが最小となるのは，線分 PR である。

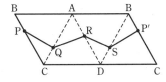

よって，線分 PR と AC の交点を Q とすればよい。

同様に，2 点 R，P′ を結ぶ線のうち，長さが最小となるのは線分 RP′ であるから，線分 RP′ と BD の交点を S とすればよい。

さらに，PR＋RP′ が最小となるためには，線分 PP′ と AD の交点を R とすればよい。

したがって，4 つの線分の長さの和が最小になるのは，展開図において 4 点 P，Q，R，S が一直線上にあるとき，すなわち，
$$BP＝AQ＝AR＝BS$$
が成り立つときである。

また，その最小の値は
$$4×2＝8 \text{(cm)}$$

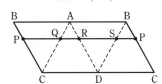

4 立体の表面積と体積

■ p.38 ■

34 (1) $(7 \times 6) \times 2 + (4 \times 6) \times 2 = 132\,(\mathrm{cm}^2)$

(2) 底面積は
$$7 \times 4 = 28\,(\mathrm{cm}^2)$$
よって，表面積は
$$28 \times 2 + 132 = 188\,(\mathrm{cm}^2)$$

35 (1) 底面積は
$$\pi \times 5^2 = 25\pi\,(\mathrm{cm}^2)$$
側面となる扇形の半径は，円錐の母線の長さに
等しく　9 cm
また，扇形の弧の長さは，底面の円周の長さに
等しいから
$$2\pi \times 5 = 10\pi\,(\mathrm{cm})$$
よって，側面積は
$$\frac{1}{2} \times 10\pi \times 9 = 45\pi\,(\mathrm{cm}^2)$$
したがって，表面積は
$$25\pi + 45\pi = 70\pi\,(\mathrm{cm}^2)$$

(2) 半径 9 cm の円と半径 5 cm の円について，
それらの周の長さの比は
$$9 : 5$$
扇形の弧の長さと中心角の大きさは比例するか
ら，側面となる扇形の中心角の大きさは
$$360° \times \frac{5}{9} = 200°$$

36 (1) 底面が，底辺 10 cm，高さ 5 cm の三角形で，
高さが 9 cm の三角柱であるから，その体積は
$$\left(\frac{1}{2} \times 10 \times 5\right) \times 9 = 225\,(\mathrm{cm}^3)$$

(2) 底面が，上底 3 cm，下底 8 cm，高さ 4 cm
の台形で，高さが 7 cm の四角柱であるから，
その体積は
$$\left\{\frac{1}{2} \times (3+8) \times 4\right\} \times 7 = 154\,(\mathrm{cm}^3)$$

(3) 底面が，1 辺 5 cm の正方形で，高さが
8 cm の正四角錐であるから，その体積は
$$\frac{1}{3} \times 5^2 \times 8 = \frac{200}{3}\,(\mathrm{cm}^3)$$

(4) 底面が，等しい辺の長さが 6 cm の直角二等
辺三角形で，高さが 6 cm の三角錐であるから，
その体積は
$$\frac{1}{3} \times \left(\frac{1}{2} \times 6 \times 6\right) \times 6 = 36\,(\mathrm{cm}^3)$$

37 円錐は，底面の半径が 3 cm，高さが 5 cm であ
るから，その体積は
$$\frac{1}{3} \times (\pi \times 3^2) \times 5 = 15\pi\,(\mathrm{cm}^3)$$
円柱は，底面の半径が 3 cm，高さが 10 cm である
から，その体積は
$$(\pi \times 3^2) \times 10 = 90\pi\,(\mathrm{cm}^3)$$
$90\pi \div 15\pi = 6$ であるから，円柱の体積は，円錐の
体積の 6 倍である。

■ p.39 ■

38 (1) 底面積は　$\frac{1}{2} \times 3 \times 4 = 6\,(\mathrm{cm}^2)$

側面積は　$3 \times 4 + 4 \times 4 + 5 \times 4 = 48\,(\mathrm{cm}^2)$
よって，表面積は
$$6 \times 2 + 48 = 60\,(\mathrm{cm}^2)$$
底面積が 6 cm²，高さが 4 cm の三角柱である
から，その体積は
$$6 \times 4 = 24\,(\mathrm{cm}^3)$$

(2) 底面の円の半径は 4 cm であるから，底面積
は　$\pi \times 4^2 = 16\pi\,(\mathrm{cm}^2)$
側面積は　$7 \times (8 \times \pi) = 56\pi\,(\mathrm{cm}^2)$
よって，表面積は
$$16\pi \times 2 + 56\pi = 88\pi\,(\mathrm{cm}^2)$$
底面積が 16π cm²，高さが 7 cm の円柱であ
るから，その体積は
$$16\pi \times 7 = 112\pi\,(\mathrm{cm}^3)$$

(3) 底面積は　$\pi \times 5^2 = 25\pi\,(\mathrm{cm}^2)$
側面となる扇形の半径は，円錐の母線の長さに
等しく　13 cm
また，扇形の弧の長さは，底面の円周の長さに
等しいから
$$2\pi \times 5 = 10\pi\,(\mathrm{cm})$$
よって，側面積は
$$\frac{1}{2} \times 10\pi \times 13 = 65\pi\,(\mathrm{cm}^2)$$
したがって，表面積は
$$25\pi + 65\pi = 90\pi\,(\mathrm{cm}^2)$$
底面積 25π cm²，高さが 12 cm の円錐であ
るから，その体積は
$$\frac{1}{3} \times 25\pi \times 12 = 100\pi\,(\mathrm{cm}^3)$$

39 (1) 表面積は
$$4\pi \times 6^2 = 144\pi\,(\mathrm{cm}^2)$$
体積は
$$\frac{4}{3}\pi \times 6^3 = 288\pi\,(\mathrm{cm}^3)$$

(2) 球の半径は
$$3 \times \frac{1}{2} = \frac{3}{2}\,(\mathrm{cm})$$
表面積は
$$4\pi \times \left(\frac{3}{2}\right)^2 = 9\pi\,(\mathrm{cm}^2)$$
体積は
$$\frac{4}{3}\pi \times \left(\frac{3}{2}\right)^3 = \frac{9}{2}\pi\,(\mathrm{cm}^3)$$

40 (1) できる立体は,
底面の半径が $5\,\mathrm{cm}$, 高さが $9\,\mathrm{cm}$
の円柱である。
よって, 求める体積は
$$(\pi \times 5^2) \times 9 = 225\pi\,(\mathrm{cm}^3)$$

(2) できる立体は, 半径が $4\,\mathrm{cm}$ の半球である。
よって, 求める体積は
$$\left(\frac{4}{3}\pi \times 4^3\right) \times \frac{1}{2} = \frac{128}{3}\pi\,(\mathrm{cm}^3)$$

41 (1) 投影図で表された
立体は, 底面が,
上底 $3\,\mathrm{cm}$
下底 $5\,\mathrm{cm}$
高さ $6\,\mathrm{cm}$
の台形で, 高さが
$4\,\mathrm{cm}$ の四角柱である。
よって, 求める体積は
$$\left\{\frac{1}{2} \times (3+5) \times 6\right\} \times 4 = 96\,(\mathrm{cm}^3)$$

(2) 投影図で表された立体は, 半径 $7\,\mathrm{cm}$ の球である。
よって, 求める体積は
$$\frac{4}{3}\pi \times 7^3 = \frac{1372}{3}\pi\,(\mathrm{cm}^3)$$

42 (1) 【表面積】
円錐部分の側面,
円柱部分の側面,
円柱部分の底面
の 3 つに分けて考える。

円錐部分を展開したとき, その側面は扇形になる。
この扇形の半径は $5\,\mathrm{cm}$ である。
一方, 弧の長さは円錐の底面の円周の長さに等しいから
$$2\pi \times 4 = 8\pi\,(\mathrm{cm})$$
よって, 円錐部分の側面積は
$$\frac{1}{2} \times 8\pi \times 5 = 20\pi\,(\mathrm{cm}^2)$$
円柱部分の側面積は
$$8\pi \times 6 = 48\pi\,(\mathrm{cm}^2)$$
円柱部分の底面積は
$$\pi \times 4^2 = 16\pi\,(\mathrm{cm}^2)$$
したがって, 表面積は
$$20\pi + 48\pi + 16\pi = 84\pi\,(\mathrm{cm}^2)$$

【体積】
円錐部分の体積は
$$\frac{1}{3} \times 16\pi \times 3 = 16\pi\,(\mathrm{cm}^3)$$
円柱部分の体積は
$$16\pi \times 6 = 96\pi\,(\mathrm{cm}^3)$$
したがって, 体積は
$$16\pi + 96\pi = 112\pi\,(\mathrm{cm}^3)$$

(2) 【表面積】
側面のうち曲面の部分,
側面のうち平面の部分,
底面
の 3 つに分けて考える。
扇形の弧の長さは
$$(2\pi \times 6) \times \frac{120}{360} = 4\pi\,(\mathrm{cm})$$
よって, 側面のうち曲面の部分の面積は
$$4\pi \times 8 = 32\pi\,(\mathrm{cm}^2)$$
側面のうち平面の部分の面積は
$$6 \times 8 + 6 \times 8 = 96\,(\mathrm{cm}^2)$$
底面積は
$$\frac{1}{2} \times 4\pi \times 6 = 12\pi\,(\mathrm{cm}^2)$$
よって, 底面 2 つ分の面積は
$$12\pi \times 2 = 24\pi\,(\mathrm{cm}^2)$$
したがって, 表面積は
$$32\pi + 96 + 24\pi = 56\pi + 96\,(\mathrm{cm}^2)$$

【体積】
求める体積は
$$12\pi \times 8 = 96\pi\,(\mathrm{cm}^3)$$

■ p.40 ■

43 $\mathrm{BP} = 8 - 2 = 6\,(\mathrm{cm})$
$\mathrm{BR} = 8 - 3 = 5\,(\mathrm{cm})$

であるから，三角錐 BPQR の体積は
$$\frac{1}{3} \times \left(\frac{1}{2} \times 6 \times 5\right) \times 4 = 20\,(\text{cm}^3)$$
立方体の体積は
$$8^3 = 512\,(\text{cm}^3)$$
である。
したがって，求める体積は
$$512 - 20 = 492\,(\text{cm}^3)$$

44 三角柱 ABCDEF の体積は
$$\left(\frac{1}{2} \times 4 \times 6\right) \times 6 = 72\,(\text{cm}^3)$$
三角柱 ABCDEF を平面 APE で切ったとき，点 B を含む方の立体は，△ABP を底面，線分 BE を高さとする三角錐 E−ABP となる。
$$BC = 6\,\text{cm}, \quad BP = 2PC$$
であるから
$$BP = 4\,\text{cm}$$
よって，三角錐 E−ABP の体積は
$$\frac{1}{3} \times \left(\frac{1}{2} \times 4 \times 4\right) \times 6 = 16\,(\text{cm}^3)$$
したがって，求める立体の体積は
$$72 - 16 = 56\,(\text{cm}^3)$$

■ p.41 ■

45 辺 AB を軸として 1 回転させてできる立体は，
　　底面の半径が 5 cm，高さが 4 cm の円錐
であるから
$$V = \frac{1}{3} \times \pi \times 5^2 \times 4$$
$$= \frac{100}{3}\pi\,(\text{cm}^3)$$
辺 BC を軸として 1 回転させてできる立体は，
　　底面の半径が 4 cm，高さが 5 cm の円錐
であるから
$$V' = \frac{1}{3} \times \pi \times 4^2 \times 5$$
$$= \frac{80}{3}\pi\,(\text{cm}^3)$$
よって　$$\frac{V}{V'} = \frac{100}{3}\pi \div \frac{80}{3}\pi$$
$$= \frac{5}{4}$$
したがって，V は V' の $\dfrac{5}{4}$ 倍である。

46 できる立体は，
　　底面の半径が 8 cm，
　　高さが 10 cm の円錐
から
　　底面の半径が 4 cm，
　　高さが 5 cm の円錐
を取り除いたものになる。

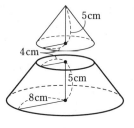

よって，求める体積は
$$\frac{1}{3} \times \pi \times 8^2 \times 10 - \frac{1}{3} \times \pi \times 4^2 \times 5$$
$$= \frac{560}{3}\pi\,(\text{cm}^3)$$

47 (1) できる立体は，
　　底面の半径が 2 cm，高さが 3 cm の円錐
を 2 つ組み合わせたものである。
　　よって，求める体積は
$$\left(\frac{1}{3} \times \pi \times 2^2 \times 3\right) \times 2 = 8\pi\,(\text{cm}^3)$$
(2) できる立体は，
　　底面の半径が 3 cm，高さが 6 cm の円柱
から
　　底面の半径が 2 cm，高さが 6 cm の円錐
を取り除いたものになる。
　　よって，求める体積は
$$\pi \times 3^2 \times 6 - \frac{1}{3} \times \pi \times 2^2 \times 6$$
$$= 46\pi\,(\text{cm}^3)$$

■ p.42 ■

48 投影図で表された立体は，下の図のようになる。

(1)
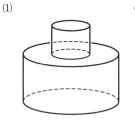
(2)
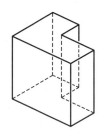
(3)
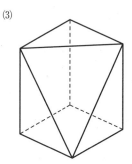

(1) 底面の半径が 5 cm, 高さが 5 cm の円柱
   と
   底面の半径が 2 cm, 高さが 3 cm の円柱
   を組み合わせた立体であるから, その体積は
   $$\pi \times 5^2 \times 5 + \pi \times 2^2 \times 3 = 137\pi \,(\text{cm}^3)$$

(2) 底面を 2 つの長方形に分けて考えると, その面積は
   $$7 \times (9-5) + 4 \times 5 = 48 \,(\text{cm}^2)$$
   よって, 求める体積は
   $$48 \times 8 = 384 \,(\text{cm}^3)$$

(3) 底面が 1 辺の長さが 6 cm の正方形, 高さが 9 cm の直方体
   から
   底面が直角をはさむ 2 辺の長さが 6 cm の直角二等辺三角形, 高さが 9 cm の三角錐
   を除いたものであるから, その体積は
   $$6 \times 6 \times 9 - \frac{1}{3} \times \left(\frac{1}{2} \times 6 \times 6 \right) \times 9 = 270 \,(\text{cm}^3)$$

49 右の図のように頂点を定める。
求める体積は, 正四角錐 I－JKLM の体積の 2 倍である。
正方形 JKLM の面積は, 1 辺の長さが 8 cm の正方形の面積の半分で
$$8 \times 8 \div 2 = 32 \,(\text{cm}^2)$$
正四角錐 I－JKLM の高さは
$$8 \div 2 = 4 \,(\text{cm})$$
よって, 正四角錐 I－JKLM の体積は
$$\frac{1}{3} \times 32 \times 4 = \frac{128}{3} \,(\text{cm}^3)$$
したがって, 求める体積は
$$\frac{128}{3} \times 2 = \frac{256}{3} \,(\text{cm}^3)$$

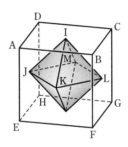

50 AI＝BJ
   $$= 12 \div 2 = 6 \,(\text{cm})$$
KH＝LG
   $$= 12 \div 3 = 4 \,(\text{cm})$$
よって, A, B, J, I, K, L, G, H を頂点とする立体は, 底面が四角形 BJGL, 高さが AB の四角柱である。
すなわち, 底面が,
上底 6 cm, 下底 4 cm, 高さ 10 cm の台形で,

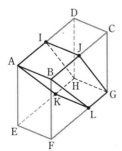

高さが 6 cm の四角柱であるから, その体積は
$$\left\{ \frac{1}{2} \times (6+4) \times 10 \right\} \times 6 = 300 \,(\text{cm}^3)$$

51 (1) 円錐の底面の円周の長さは
   $$2\pi \times 4 = 8\pi \,(\text{cm})$$
   円錐は 5 回転したところで, もとの位置に戻ってきたから, Q 上にえがいた曲線の長さは
   $$8\pi \times 5 = 40\pi \,(\text{cm})$$

(2) (1)でえがいた曲線は, 点 O を中心とする円周である。
   その長さが 40π cm であるから, えがいた円の半径は
   $$40\pi \div 2\pi = 20 \,(\text{cm})$$
   よって, 求める面積は
   $$\pi \times 20^2 = 400\pi \,(\text{cm}^2)$$

(3) (2)で求めた面積は, 円錐の側面積の 5 倍にあたるから, 円錐の側面積は
   $$400\pi \div 5 = 80\pi \,(\text{cm}^2)$$
   円錐の底面積は
   $$\pi \times 4^2 = 16\pi \,(\text{cm}^2)$$
   よって, 求める表面積は
   $$80\pi + 16\pi = 96\pi \,(\text{cm}^2)$$

■ p.43 ■

52 容器 A, 容器 B の体積をそれぞれ求める。
   [容器 A] $\pi \times 4^2 \times 5 = 80\pi \,(\text{cm}^3)$
   [容器 B] $\frac{1}{3} \times \pi \times 5^2 \times 6 = 50\pi \,(\text{cm}^3)$
よって, 容器 A の水を容器 B がいっぱいになるまで容器 B に移したとき, 容器 A に残る水の体積は
$$80\pi - 50\pi = 30\pi \,(\text{cm}^3)$$
容器 A の底面積は 16π cm² であるから, 求める深さは
$$30\pi \div 16\pi = \frac{15}{8} \,(\text{cm})$$

53 できる立体は,
   AB を直径とする球
から,
   △ACH を 1 回転させてできる円錐
と,
   △BCH を 1 回転させてできる円錐
を取り除いたものである。
AB を直径とする球の体積は
$$\frac{4}{3}\pi \times 4^3 = \frac{256}{3}\pi \,(\text{cm}^3)$$

△ACH を1回転させてできる円錐と，△BCH を
1回転させてできる円錐の体積の和は

$$\frac{1}{3} \times \pi \times 3^2 \times AH + \frac{1}{3} \times \pi \times 3^2 \times BH$$

$$= \frac{1}{3} \times \pi \times 3^2 \times (AH + BH)$$

$$= \frac{1}{3} \times \pi \times 3^2 \times 8$$

$$= 24\pi \,(\mathrm{cm}^3)$$

よって，求める体積は

$$\frac{256}{3}\pi - 24\pi = \frac{184}{3}\pi \,(\mathrm{cm}^3)$$

■ p.44 ■

54 (1) △ACM を辺 AM を軸として1回転させて
できる立体は，

　　　　△ACD を1回転させてできる円錐
から，

　　　　△MCD を1回転させてできる円錐
を取り除いたものである。

よって

$$V = \frac{1}{3} \times \pi \times 4^2 \times 4 - \frac{1}{3} \times \pi \times 4^2 \times 2$$

$$= \frac{32}{3}\pi \,(\mathrm{cm}^3)$$

(2) △ACM を辺 BC を軸として1回転させて
できる立体は，

　　　　台形 ABCM を1回転させてできる立体
から，

　　　　△ABC を1回転させてできる円錐
を取り除いたものである。

台形 ABCM を1回転させてできる立体は，

　　　　底面の半径が 4 cm，高さが 2 cm の円柱
と，.

　　　　底面の半径が 4 cm，高さが 2 cm の円錐
を組み合わせたものであるから，その体積は

$$\pi \times 4^2 \times 2 + \frac{1}{3} \times \pi \times 4^2 \times 2$$

$$= \frac{128}{3}\pi \,(\mathrm{cm}^3)$$

よって

$$V' = \frac{128}{3}\pi - \frac{1}{3} \times \pi \times 4^2 \times 4$$

$$= \frac{64}{3}\pi \,(\mathrm{cm}^3)$$

したがって

$$V : V' = \frac{32}{3}\pi : \frac{64}{3}\pi$$

$$= 1 : 2$$

55 この立体を，右の図
のように2つ重ねる。 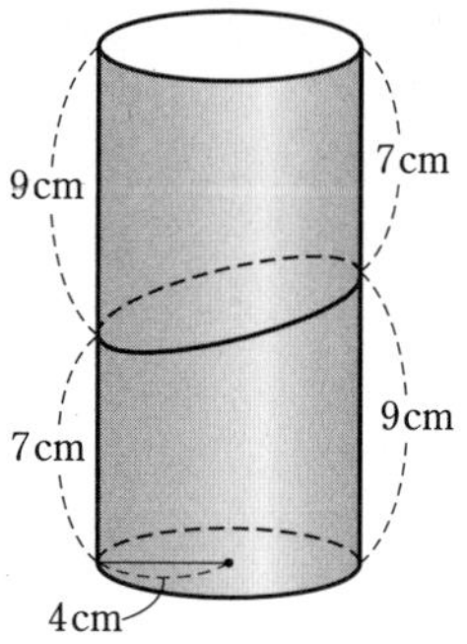
求める側面積は，底面
の半径が 4 cm，高さが
$7 + 9 = 16 \,(\mathrm{cm})$ の円柱
の側面積の半分である
から

$$\{16 \times (2\pi \times 4)\} \times \frac{1}{2}$$

$$= 64\pi \,(\mathrm{cm}^2)$$

56 (1) 図3において，3点 A，B，C は1点 G に集
まっているから，次のことが成り立つ。

　　　　AE = BE，　　BF = CF

図1において，AB = BC = 12 cm であるから

　　　　AE = BE = 6 cm，　　BF = CF = 6 cm

一方，図2において

　　　　∠EAD = 90°，∠EBF = 90°，∠DCF = 90°

であるから，図3において

　　DG ⊥ EG，DG ⊥ FG，EG ⊥ FG　が成り立つ。

よって，辺 DG と平面 EGF は垂直である。

これらのことから，四面体 DEGF は

　　　　底面が EG = GF = 6 cm，∠EGF = 90°
　　　　の直角二等辺三角形，

　　　　高さが DG = 12 cm

の三角錐であることがわかる。

よって，その体積は

$$\frac{1}{3} \times \left(\frac{1}{2} \times 6 \times 6\right) \times 12 = 72 \,(\mathrm{cm}^3)$$

(2) △DEF は，正方形 ABCD から，3つの直角
三角形 AED，BEF，CFD を取り除いたもの
である。

よって，△DEF の面積は

$$12 \times 12 - \left\{\frac{1}{2} \times 6 \times 6 + \left(\frac{1}{2} \times 6 \times 12\right) \times 2\right\}$$

$$= 54 \,(\mathrm{cm}^2)$$

△DEF を底面と考えたときの四面体 DEGF
の高さを h とすると，四面体 DEGF の体積は
次のように表される。

$$\frac{1}{3} \times (\triangle DEF \text{ の面積}) \times h$$

四面体 DEGF の体積は 72 cm³，△DEF の面
積は 54 cm² であるから

$$\frac{1}{3} \times 54 \times h = 72$$

$$18 \times h = 72$$

$$h = 72 \div 18$$

よって，$h = 4$ となるから，求める高さは

　　　　4 cm

57 図1の立体の体積は

$$(1 \times 1 \times 1) \times 7 = 7 \, (\text{cm}^3)$$

図2の立体は，図1の立体に

　　底面が，等しい辺の長さが1cmの直角二等辺
　　三角形で，高さが1cmの三角柱を12個

と，

　　底面が，等しい辺の長さが1cmの直角二等辺
　　三角形で，高さが1cmの三角錐を8個

組み合わせたものである。

よって，求める体積は

$$7 + \left\{ \left(\frac{1}{2} \times 1 \times 1 \right) \times 1 \right\} \times 12$$

$$+ \left\{ \frac{1}{3} \times \left(\frac{1}{2} \times 1 \times 1 \right) \times 1 \right\} \times 8$$

$$= \frac{43}{3} \, (\text{cm}^3)$$

■ p.45 ■

58 $\quad$ AP $= 6 \times \dfrac{1}{3} = 2 \, (\text{cm})$

$\quad$ BQ $= 6 \times \dfrac{2}{3} = 4 \, (\text{cm})$

$\quad$ CR $= 6 \times \dfrac{1}{3} = 2 \, (\text{cm})$

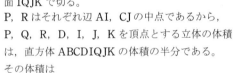

右の図のように，直方
体を，Qを通り
平面 ABCD に平行な平
面 IQJK で切る。

P，R はそれぞれ辺 AI，CJ の中点であるから，
P，Q，R，D，I，J，K を頂点とする立体の体積
は，直方体 ABCDIQJK の体積の半分である。
その体積は

$$(4 \times 5 \times 4) \times \frac{1}{2} = 40 \, (\text{cm}^3)$$

直方体 IQJKEFGH の体積は

$$4 \times 5 \times 2 = 40 \, (\text{cm}^3)$$

よって，求める体積は

$$40 + 40 = 80 \, (\text{cm}^3)$$

59 $\quad$ 展開図を組み立てた
とき，影をつけた部分
は，立方体を半分に
切った立体になる。
したがって，求める
体積は

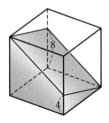

$$(12 \times 12 \times 12) \times \frac{1}{2}$$

$$= 864 \, (\text{cm}^3)$$

60 $\quad$ 三角柱 ABCDEF の体積は

$$\frac{1}{2} \times 2 \times 4 \times 6 = 24 \, (\text{cm}^3)$$

点 Q，R，S は，それぞれ辺 BC，AD，BE の中点
であるから

$$\text{BQ} = 4 \div 2 = 2 \, (\text{cm})$$

$$\text{AR} = \text{BS} = 6 \div 2 = 3 \, (\text{cm})$$

P を通り，平面 BEFC
に平行な平面と，辺
AB，RS との交点を，
それぞれ G，H とす
ると，次のことが成
り立つ。

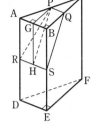

$$\text{BG} = \text{SH} = 1 \, \text{cm}$$

$$\text{PG} = 2 \, \text{cm}$$

$$\text{GH} = 3 \, \text{cm}$$

よって，三角柱 PGHQBS の体積は

$$\frac{1}{2} \times 2 \times 3 \times 1 = 3 \, (\text{cm}^3)$$

四角錐 P−ARHG の体積は

$$\frac{1}{3} \times (3 \times 1) \times 2 = 2 \, (\text{cm}^3)$$

したがって，求める体積は

$$24 - 3 - 2 = 19 \, (\text{cm}^3)$$

第2章

章 末 問 題

■ p.46 ■

1 4つの事柄それぞれに当てはまる立体は，次の通りである。

[1] 切り口が円になる可能性のある立体は
A ①，③

[2] 切り口が四角形になる可能性のある立体は
B ②，③，④

[3] 切り口が三角形になる可能性のある立体は
B，C，D ①，②，④

[4] 切り口が五角形になる可能性のある立体は
D ④

Dは[3]と[4]に当てはまるから，Dは ④

Bは[2]と[3]に当てはまり，④ を除くと
Bは ②

Cは[3]に当てはまり，②，④ を除くと
Cは ①

Aは[1]に当てはまり，① を除くと
Aは ③

したがって，Aは③，Bは②，Cは①，Dは④

2 (1) この容器の底面積を $S\,\mathrm{cm^2}$ とすると
$$S \times 5 = 200$$
よって $S = 200 \div 5 = \boxed{40}\ (\mathrm{cm^2})$

(2) 容器を逆さにしたときの，水が入っていない部分の体積は
$$40 \times (16-7) = \boxed{360}\ (\mathrm{cm^3})$$

(3) この容器の容積は
$$200 + 360 = \boxed{560}\ (\mathrm{cm^3})$$

3 (1) 正八面体の面の数は $\overset{ア}{\boxed{8}}$ である。

1つの面の頂点の数は $\overset{イ}{\boxed{3}}$ であるから，8つの面の頂点の数の合計は $3 \times 8 = \overset{ウ}{\boxed{24}}$ である。

正八面体の1つの頂点には4つの面が集まっているから，4つの頂点が重なっている。

よって，正八面体の頂点の数は

$24 \div 4 = \overset{エ}{\boxed{6}}$ である。

(2) 正八面体の1つの面の辺の数は $\overset{オ}{\boxed{3}}$ である

から，8つの面の辺の数の合計は $3 \times 8 = \overset{カ}{\boxed{24}}$

である。

正八面体の1つの辺には2つの面が集まっているから，2つの辺が重なっている。

よって，正八面体の辺の数は $24 \div 2 = \overset{キ}{\boxed{12}}$

である。

(3) 正十二面体の1つの面の頂点の数は5であり，1つの頂点に3つの面が集まっているから，正十二面体の頂点の数は
$$(5 \times 12) \div 3 = 20$$
正十二面体の1つの面の辺の数は5であり，1つの辺には2つの面が集まっているから，正十二面体の辺の数は
$$(5 \times 12) \div 2 = 30$$

(4) 正八面体では $v - e + f = 6 - 12 + 8 = 2$
正十二面体では $v - e + f = 20 - 30 + 12 = 2$

[参考] **オイラーの多面体定理**

多面体の頂点の数を v，辺の数を e，面の数を f とすると $v - e + f = 2$ が成り立つ。

この定理を用いると，頂点と面の数から辺の数が求められる。

第3章　図形の性質と合同

1 平行線と角

1 (1) 対頂角は等しいから
$$\angle a = 87°$$
また　$\angle b = 180° - 87°$
$$= 93°$$

(2) 対頂角は等しいから
$$\angle a = 59°$$
$$\angle c = 72°$$
また　$\angle b = 180° - (72° + 59°)$
$$= 49°$$
対頂角は等しいから
$$\angle d = \angle b = 49°$$

2 下の図において
$$\angle x = 180° - 98°$$
$$= 82°$$
よって，2直線 a，b に直線 ℓ が交わるとき，同位角が等しいから，a と b は平行である。
また　$\angle y = 180° - 82°$
$$= 98°$$
したがって，2直線 a と c に直線 n が交わるとき，同位角が等しくないから，平行ではない。
また，2直線 ℓ と m に直線 a が交わるとき，同位角が等しくないから，平行ではない。
2直線 ℓ と n に直線 a が交わるとき，同位角が等しいから，平行である。
よって，平行な直線の組は
$$a \text{ と } b, \quad \ell \text{ と } n$$

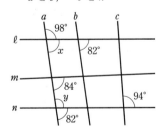

3 (1) 平行線の同位角は等しいから
$$\angle x = 75°$$

(2) 下の図で
$$\angle a = 180° - 124°$$
$$= 56°$$
平行線の錯角は等しいから
$$\angle x = \angle a = 56°$$

(3) 下の図で
$$\angle b = 180° - 42°$$
$$= 138°$$
平行線の同位角は等しいから
$$\angle x = \angle b = 138°$$

(2)　　　　　　　　　(3)

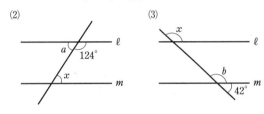

4 (1) 下の図で，平行線の同位角は等しいから
$$\angle a = 45°$$
よって　$\angle x = 180° - (45° + 70°)$
$$= 65°$$

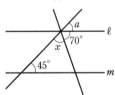

(2) 下の図で
$$\angle a = 180° - 136°$$
$$= 44°$$
平行線の同位角は等しいから
$$\angle x = 44°$$
このとき
$$\angle b = 180° - (72° + 44°)$$
$$= 64°$$
平行線の同位角は等しいから
$$\angle y = \angle b = 64°$$

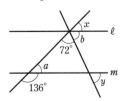

5 (1) 下の図のように，点 P を通り ℓ に平行な直線 n を引く。

　図で，錯角は等しいから
$$\angle a = 40°$$
　よって　$\angle b = 77° - 40°$
$$= 37°$$
　さらに，錯角は等しいことから
$$\angle x = \angle b = 37°$$

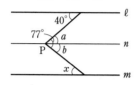

(2) 下の図のように，$\angle x$ の頂点を通り ℓ に平行な直線 n を引く。

　図で　$\angle a = 180° - 131° = 49°$
　錯角は等しいから
$$\angle b = 45°$$
$$\angle c = \angle a = 49°$$
　よって　$\angle x = 45° + 49° = 94°$

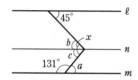

(3) 下の図のように，点 P を通り ℓ に平行な直線 n を引く。

　図で，錯角は等しいから
$$\angle a = 36°$$
　よって　$\angle b = 82° - 36° = 46°$
　さらに，錯角は等しいことから
$$\angle c = \angle b = 46°$$
　したがって　$\angle x = 180° - 46° = 134°$

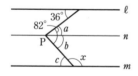

(4) 次の図のように，点 P，Q を通り ℓ に平行な直線 n，n' をそれぞれ引く。

　図で，錯角は等しいから
$$\angle a = 21°$$
$$\angle b = 30°$$
$\angle a = 21°$ から　$\angle c = 57° - 21°$
$$= 36°$$

　錯角は等しいから
$$\angle d = \angle c = 36°$$
　よって　$\angle x = 30° + 36°$
$$= 66°$$

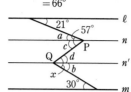

(5) 下の図のように，点 P，Q を通り ℓ に平行な直線 n，n' をそれぞれ引く。

　図で，錯角は等しいから
$$\angle a = 40°$$
$$\angle b = 28°$$
$\angle a = 40°$ から　$\angle c = 135° - 40°$
$$= 95°$$
$$\angle d = 180° - 95°$$
$$= 85°$$
　よって　$\angle x = 28° + 85°$
$$= 113°$$

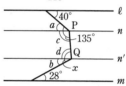

(6) 下の図のように，点 P，Q を通り ℓ に平行な直線 n，n' をそれぞれ引く。

　図で　$\angle a = 180° - 142°$
$$= 38°$$
　錯角は等しいから
$$\angle b = \angle a = 38°$$
　同じく，錯角は等しいから
$$\angle c = 52°$$
　よって　$\angle d = 86° - 52°$
$$= 34°$$
　錯角は等しいから
$$\angle e = \angle d = 34°$$
　よって　$\angle x = 180° - (38° + 34°)$
$$= 108°$$

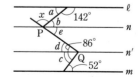

6 下の図で，AD∥BC より，錯角は等しいから
$$\angle a = \angle x$$
折り返した角であるから
$$\angle b = \angle a = \angle x$$
よって　　$\angle x + \angle x + 44° = 180°$
したがって
$$\angle x = (180° - 44°) \div 2$$
$$= 68°$$

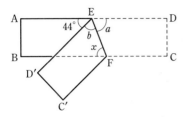

---

2 多角形の内角と外角

7 (1) 三角形の内角の和は $180°$ であるから
$$\angle x + 65° + 59° = 180°$$
よって　$\angle x = 180° - (65° + 59°)$
$$= 56°$$

(2) 三角形の内角と外角の性質から
$$\angle x = 57° + 46°$$
$$= 103°$$

(3) 三角形の内角と外角の性質から
$$\angle x + 72° = 115°$$
よって　$\angle x = 115° - 72°$
$$= 43°$$

(4) 右の図で
$$\angle a = 180° - 133°$$
$$= 47°$$
よって，三角形の内
角と外角の性質から
$$\angle x = 75° + 47°$$
$$= 122°$$

8 (1) 三角形の残りの角の大きさは
$$180° - (26° + 58°) = 96°$$
よって，1つの内角が鈍角であるから
鈍角三角形

(2) 三角形の残りの角の大きさは
$$180° - (68° + 36°) = 76°$$
よって，3つの内角がすべて鋭角であるから
鋭角三角形

(3) 三角形の残りの角の大きさは
$$180° - (53° + 37°) = 90°$$
よって，1つの内角が直角であるから
直角三角形

(4) 三角形の残りの角の大きさは
$$180° - (49° + 28°) = 103°$$
よって，1つの内角が鈍角であるから
鈍角三角形

9 (1) △DEC において，内角と外角の性質から
$$\angle AED = 65° + 45°$$
$$= 110°$$
よって，△ABE において，内角と外角の性質
から
$$\angle x = 110° - 27°$$
$$= 83°$$

第3章

(2) △ABE において，内角と外角の性質から

$$\angle AEC = 33° + 44°$$
$$= 77°$$

よって，△CDE において，内角と外角の性質から

$$\angle x = 77° - 36°$$
$$= 41°$$

■ p.50 ■

10 (1) 下の図において，平行線の同位角は等しいから

$$\angle ADE = 132°$$

よって，△ABD において，内角と外角の性質から

$$\angle x = 132° - 28°$$
$$= 104°$$

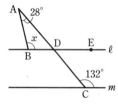

(2) △CDF において，内角と外角の性質から

$$\angle x = 113° - 29°$$
$$= 84°$$

このとき，△ABD において，内角と外角の性質から

$$\angle y = 84° - 59°$$
$$= 25°$$

(3) △ABE において，内角と外角の性質から

$$\angle x = 35° + 68°$$
$$= 103°$$

よって，△FEC において

$$\angle CFE = 180° - (23° + 103°)$$
$$= 54°$$

対頂角は等しいから

$$\angle y = 54°$$

11 (1) 六角形の内角の和は
$$180° \times (6-2) = 720°$$

(2) 九角形の内角の和は
$$180° \times (9-2) = 1260°$$

(3) 十角形の内角の和は
$$180° \times (10-2) = 1440°$$

(4) 十五角形の内角の和は
$$180° \times (15-2) = 2340°$$

12 (1) 四角形の内角の和は 360° であるから
$$\angle x = 360° - (60° + 107° + 124°)$$
$$= 69°$$

(2) 五角形の内角の和は
$$180° \times (5-2) = 540°$$
よって　$$\angle x = 540° - (116° + 90° + 95° + 137°)$$
$$= 102°$$

(3) 六角形の内角の和は
$$180° \times (6-2) = 720°$$
よって
$$\angle x = 720° - (112° + 119° + 132° + 125° + 92°)$$
$$= 140°$$

13 五角形の内角の和は
$$180° \times (5-2) = 540°$$
正五角形の内角の大きさはすべて等しいから，1つの内角の大きさは
$$540° \div 5 = 108°$$
十二角形の内角の和は
$$180° \times (12-2) = 1800°$$
正十二角形の内角の大きさはすべて等しいから，1つの内角の大きさは
$$1800° \div 12 = 150°$$

圏　正五角形 108°，正十二角形 150°

14 (1) n 角形の内角の和が 900° になるとすると
$$180° \times (n-2) = 900°$$
$$n-2 = 5$$
$$n = 7$$
よって　七角形

(2) n 角形の内角の和が 1620° になるとすると
$$180° \times (n-2) = 1620°$$
$$n-2 = 9$$
$$n = 11$$
よって　十一角形

(3) n 角形の内角の和が 1980° になるとすると
$$180° \times (n-2) = 1980°$$
$$n-2 = 11$$
$$n = 13$$
よって　十三角形

(4) n 角形の内角の和が 2700° になるとすると
$$180° \times (n-2) = 2700°$$
$$n-2 = 15$$
$$n = 17$$
よって　十七角形

15 (1) 多角形の外角の和は 360° であるから
$$\angle x = 360° - (40° + 103° + 78° + 66°)$$
$$= 73°$$

(2) 95° の角の外角の大きさは
$$180° - 95° = 85°$$
83° の角の外角の大きさは
$$180° - 83° = 97°$$
多角形の外角の和は 360° であるから
$$\angle x = 360° - (85° + 74° + 57° + 97°)$$
$$= 47°$$

(3) 120° の角の外角の大きさは
$$180° - 120° = 60°$$
よって，$\angle x$ の外角の大きさは
$$360° - (43° + 60° + 52° + 55° + 67°) = 83°$$
したがって　$\angle x = 180° - 83° = 97°$

16 (1) 多角形の外角の和は 360° で，正五角形の外角の大きさはすべて等しいから，1 つの外角の大きさは
$$360° ÷ 5 = 72°$$

(2) 多角形の外角の和は 360° で，正八角形の外角の大きさはすべて等しいから，1 つの外角の大きさは
$$360° ÷ 8 = 45°$$

(3) 多角形の外角の和は 360° で，正十二角形の外角の大きさはすべて等しいから，1 つの外角の大きさは
$$360° ÷ 12 = 30°$$

(4) 多角形の外角の和は 360° で，正十五角形の外角の大きさはすべて等しいから，1 つの外角の大きさは
$$360° ÷ 15 = 24°$$

■ p.51 ■

17 (1) 四角形 ABCD において，辺 AD の延長と辺 BC との交点を E とする。
このとき，△ABE において，内角と外角の性質から
$$\angle AEC = 28° + 50° = 78°$$
よって，△DEC において，内角と外角の性質から　$\angle x = 78° + 34° = 112°$

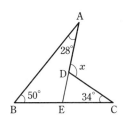

別解　点 D を通る直線 BE を引く。
△ABD において
$$\angle ADE = \angle ABD + 28°$$
△CBD において
$$\angle CDE = \angle CBD + 34°$$
したがって
$$\angle x = \angle ADE + \angle CDE$$
$$= \angle ABD + \angle CBD + 28° + 34°$$
$$= 50° + 28° + 34°$$
$$= 112°$$

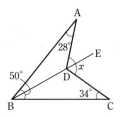

((2) も同様な方法で解ける)

(2) 四角形 ABCD において，辺 BC の延長と辺 AD との交点を E とする。
このとき，△ABE において，内角と外角の性質から
$$\angle BED = 78° + 28° = 106°$$
よって，△CDE において，内角と外角の性質から
$$\angle x = 136° - 106° = 30°$$

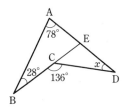

18 (1) 下の図で，対頂角は等しいから
$$\angle a = 47°$$
三角形の内角と外角の性質から
$$\angle b + 34° = 47° + 33°$$
$$\angle b = 46°$$
同位角は等しいから
$$\angle x = \angle b = 46°$$

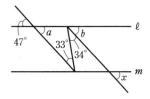

(2) 下の図のように，点 P を通り ℓ に平行な直線 n を引く。

図で，三角形の内角と外角の性質から
$$\angle a = 30° + 25°$$
$$= 55°$$
同位角は等しいから
$$\angle b = \angle a = 55°$$
よって $\angle c = 102° - 55°$
$$= 47°$$
錯角は等しいから
$$\angle x = \angle c = 47°$$

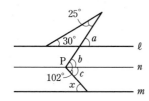

19 (1) 下の図で，三角形の内角と外角の性質から
$$\angle a = 32° + 45°$$
$$= 77°$$
$$\angle b = 18° + 36°$$
$$= 54°$$
よって $\angle x = 180° - (77° + 54°)$
$$= 49°$$

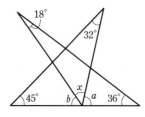

(2) 下の図で，三角形の内角と外角の性質から
$$\angle a = 31° + 50°$$
$$= 81°$$
$$\angle b = 27° + 37°$$
$$= 64°$$
よって $\angle x = 180° - (81° + 64°)$
$$= 35°$$

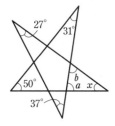

(3) 下の図で，三角形の内角と外角の性質から
$$\angle a = 39° + 35°$$
$$= 74°$$
よって
$$\angle b = 180° - (24° + 74°)$$
$$= 82°$$
したがって，三角形の内角と外角の性質から
$$\angle x = 82° - 22°$$
$$= 60°$$

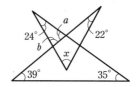

20 (1) △ABC において
$$\angle ABC + \angle ACB = 180° - \angle BAC$$
$$= 180° - 50°$$
$$= 130°$$
$$\angle DBC = \frac{1}{2}\angle ABC, \quad \angle DCB = \frac{1}{2}\angle ACB$$
であるから
$$\angle DBC + \angle DCB = \frac{1}{2}(\angle ABC + \angle ACB)$$
$$= \frac{1}{2} \times 130°$$
$$= 65°$$
よって，△DBC において
$$\angle x = 180° - 65°$$
$$= 115°$$

(2) △ABC において，内角と外角の性質から
$$\angle ABC + \angle ACB = 118°$$
$$\angle DBC = \frac{1}{2}\angle ABC, \quad \angle DCB = \frac{1}{2}\angle ACB$$
であるから
$$\angle DBC + \angle DCB = \frac{1}{2}(\angle ABC + \angle ACB)$$
$$= \frac{1}{2} \times 118°$$
$$= 59°$$
よって，△DBC において
$$\angle x = 180° - 59°$$
$$= 121°$$

(3) △DBC において
$$\angle DBC + \angle DCB = 180° - \angle BDC$$
$$= 180° - 132°$$
$$= 48°$$

$\angle ABC = 2\angle DBC$, $\angle ACB = 2\angle DCB$
であるから
$$\angle ABC + \angle ACB = 2(\angle DBC + \angle DCB)$$
$$= 2 \times 48°$$
$$= 96°$$
よって，$\triangle ABC$ において
$$\angle x = 180° - 96°$$
$$= 84°$$

21 下の図において，三角形の内角と外角の性質から
$$\angle ACE = \angle ABC + 84°$$
よって　$\dfrac{1}{2}\angle ACE = \dfrac{1}{2}\angle ABC + 42°$

すなわち　$\angle DCE = \angle DBC + 42°$
$\triangle DBC$ において，三角形の内角と外角の性質から
$$\angle DCE = \angle BDC + \angle DBC$$
よって　$\angle BDC = \angle DCE - \angle DBC$
したがって
$$\angle BDC = (\angle DBC + 42°) - \angle DBC$$
$$= 42°$$

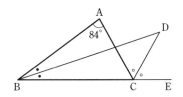

22 (1)　1つの内角の大きさが $150°$ であるような正
多角形の1つの外角の大きさは
$$180° - 150° = 30°$$
正 n 角形の外角の大きさはすべて等しく，そ
の和は $360°$ であるから
$$n = 360° \div 30°$$
$$= 12$$
よって，この正多角形は　正十二角形

別解　1つの内角の大きさが $150°$ である正 n 角
形の内角の和は　$150° \times n$，$180° \times (n-2)$
と2通りに表される。
よって　　$150 \times n = 180 \times (n-2)$
$$150n = 180n - 360$$
$$-30n = -360$$
$$n = 12$$
したがって，この正多角形は　正十二角形
(2)　1つの外角の大きさを a とすると，内角の
大きさは　$a + 132°$
1つの外角と内角の和は $180°$ であるから
$$a + (a + 132°) = 180°$$
$$2a = 48°$$
$$a = 24°$$

正 n 角形の外角の大きさはすべて等しく，そ
の和は $360°$ であるから
$$n = 360° \div 24°$$
$$= 15$$
よって，この正多角形は　正十五角形
(3)　1つの外角の大きさを a とすると，内角の
大きさは　$4a$
1つの外角と内角の和は $180°$ であるから
$$a + 4a = 180°$$
$$5a = 180°$$
$$a = 36°$$
正 n 角形の外角の大きさはすべて等しく，そ
の和は $360°$ であるから
$$n = 360° \div 36°$$
$$= 10$$
よって，この正多角形は　正十角形

23 多角形の外角の和は $360°$ であるから
$$x + 3x + (180° - 80°) + (180° - 2x) = 360°$$
$$2x = 80°$$
$$x = 40°$$

よって，$\angle x$ の大きさは　$40°$

■ p.53 ■
24 (1)　四角形の内角
の和は $360°$ であ
るから
$$\angle BGF$$
$$= 360°$$
$$\quad - (96° + 73° + 62°)$$
$$= 129°$$
よって，$\triangle EGH$
において，内角と外角の性質から
$$\angle GHE = 129° - 41°$$
$$= 88°$$
したがって，$\triangle CDH$ において，内角と外角の
性質から
$$\angle x = 88° - 25°$$
$$= 63°$$
(2)　B と D を結ぶ。
$\triangle BDC$ において
$$\angle CBD + \angle CDB$$
$$= 180° - 116°$$
$$= 64°$$
四角形の内角の和
は $360°$ であるから

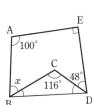

$$\angle x = 360°$$
$$\quad -(100° + \angle CBD + \angle CDB + 48° + 90°)$$
$$= 122° - (\angle CBD + \angle CDB)$$
$$= 122° - 64°$$
$$= 58°$$

(3) A と E,
　　B と D
をそれぞれ結ぶ。
四角形の内角の和は
360° であるから
$$\angle EAF + \angle AEF$$

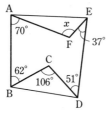

$$= 360°$$
$$\quad -(70° + 62° + 51° + 37° + \angle CBD + \angle CDB)$$
$$= 140° - (\angle CBD + \angle CDB)$$
△CBD において
$$\angle CBD + \angle CDB = 180° - 106°$$
$$= 74°$$
であるから
$$\angle EAF + \angle AEF = 140° - 74°$$
$$= 66°$$
よって，△AFE において
$$\angle x = 180° - 66°$$
$$= 114°$$

25 (1) 右の図のように
各頂点を定め，B
と E を結ぶ。
このとき，
△DGC と △BEG
において
$$\angle CDG + \angle DCG$$
$$= \angle DGB$$
$$= \angle GBE + \angle GEB$$

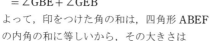

よって，印をつけた角の和は，四角形 ABEF
の内角の和に等しいから，その大きさは
$$360°$$

(2) 右の図のように各
頂点を定め，C と E,
B と F をそれぞれ
結ぶ。
このとき，△CEG と
△BFG において
$$\angle CEG + \angle ECG$$
$$= \angle EGB$$
$$= \angle GBF + \angle GFB$$

よって，印をつけた角の和は，△ABF と
△DEC の内角の和を合わせたものに等しいか

ら，その大きさは
$$180° \times 2 = 360°$$

(3) 下の図のように，角を定める。
三角形の内角と外角の性質から
$$\angle x = \angle a + \angle d \qquad \cdots\cdots ①$$
$$\angle y = \angle c + \angle g \qquad \cdots\cdots ②$$
$$\angle z = \angle b + \angle f$$
また
$$\angle w = \angle z + \angle e$$
$$= \angle b + \angle f + \angle e \qquad \cdots\cdots ③$$
三角形の内角の和は 180° であるから
$$\angle x + \angle y + \angle w = 180°$$
①，②，③から
$$(\angle a + \angle d) + (\angle c + \angle g) + (\angle b + \angle f + \angle e)$$
$$= 180°$$
すなわち
$$\angle a + \angle b + \angle c + \angle d + \angle e + \angle f + \angle g$$
$$= 180°$$

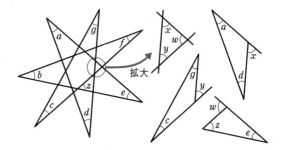

26 五角形の内角の和は
$$180° \times (5 - 2) = 540°$$
であるから
$$\angle x = 540° - (117° + 114° + \angle BCD + \angle AED)$$
$$= 309° - (\angle BCD + \angle AED)$$
ここで，四角形 CDEF において
$$\angle FCD + \angle FED = 360° - (140° + 114°)$$
$$= 106°$$
$$\angle BCD = 2\angle FCD，\angle AED = 2\angle FED \text{ であるから}$$
$$\angle BCD + \angle AED = 2(\angle FCD + \angle FED)$$
$$= 212°$$
よって　　$$\angle x = 309° - 212°$$
$$= 97°$$

■ p.54 ■

27 (1) 辺 AB の延長と直線 m の交点を F とし，図のように各点を定める。

五角形の内角の和は540°であるから，正五角形の1つの内角の大きさは

$$540° \div 5 = 108°$$

対頂角は等しいから

$$\angle HIC = 32°$$

$\angle HCI = 108°$ であるから，△HCI の内角と外角の性質より

$$\angle FHC = 108° + 32°$$
$$= 140°$$

$\ell /\!/ m$ より，同位角は等しいから

$$\angle BFG = \angle x$$

△BFH において，多角形の外角の和は360°であるから

$$\angle x + 140° + 108° = 360°$$

よって $\angle x = 360° - (140° + 108°)$
$$= 112°$$

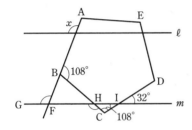

(2) D と H を結ぶ。

△DGH と △EGF において

$$\angle GDH + \angle GHD = \angle FGD$$
$$= \angle GFE + \angle GEF$$
$$= 25° + \angle x$$

ここで，△DCH と △ABC において

$$\angle CDH + \angle CHD = \angle ACD$$
$$= \angle CAB + \angle CBA$$
$$= 60° + 47°$$
$$= 107°$$

よって $29° + 33° + (25° + \angle x) = 107°$
$$\angle x = 20°$$

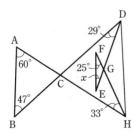

(3) E と C を結ぶ。

$$\angle AFE = 180° - 54°$$
$$= 126°$$
$$\angle ABC = 180° - 90°$$
$$= 90°$$

五角形 ABCEF の内角の和は540°であるから

$$\angle DEC + \angle DCE$$
$$= 540° - (79° + 90° + 47° + 64° + 126°)$$
$$= 134°$$

よって，△EDC において

$$\angle x = 180° - 134°$$
$$= 46°$$

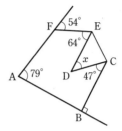

28 右の図のように，各頂点を定める。

求める角の和は，7個の三角形の内角の和から，影をつけた角の和を引いたものである。

影をつけた角の和は七角形 ABCDEFG の外角の和の2倍であるから，求める角の和は

$$180° \times 7 - 360° \times 2 = 540°$$

③ 三角形の合同

■ p.55 ■

29 四角形 ABCD を移動させると四角形 NOPM に
ぴったりと重なるから，この2つの四角形は合同で
ある。
また，四角形 EFGH を移動させると四角形 LIJK
にぴったりと重なるから，この2つの四角形は合同
である。
よって　四角形 ABCD ≡ 四角形 NOPM
　　　　四角形 EFGH ≡ 四角形 LIJK

30 (1)　辺 EH に対応する辺は，辺 AD であるから
　　　　EH = AD = 6 cm
　　(2)　∠F に対応する角は，∠B であるから
　　　　∠F = ∠B = 59°
　　(3)　∠H に対応する角は，∠D である。
　　　四角形 ABCD において，四角形の内角の和は
　　　360° であるから
　　　　　∠D = 360° − (85° + 59° + 90°)
　　　　　　 = 126°
　　　　よって　∠H = ∠D = 126°

■ p.56 ■

31 (1)　(ア)　EF
　　　　　(イ)　CA
　　　　合同条件は
　　　　　　3組の辺がそれぞれ等しい
　　(2)　(ア)　DE
　　　　　(イ)　∠B
　　　　合同条件は
　　　　　　2組の辺とその間の角がそれぞれ等しい
　　(3)　(ア)　∠D
　　　　　(イ)　∠C
　　　　合同条件は
　　　　　　1組の辺とその両端の角がそれぞれ等しい

32　△ABC と △JLK において
　　　　　AB = JL
　　　　　BC = LK
　　　　　∠B = ∠L
　　よって，2組の辺とその間の角がそれぞれ等しい
　から
　　　　　△ABC ≡ △JLK

△DEF と △XWV において
　　　　DE = XW
　　　　EF = WV
　　　　FD = VX
よって，3組の辺がそれぞれ等しいから
　　　　△DEF ≡ △XWV
△GHI と △QPR において
　　　　GH = QP
　　　　∠H = ∠P
また，∠G = 40°，∠Q = 180° − (90° + 50°) = 40° で
あるから
　　　　∠G = ∠Q
よって，1組の辺とその両端の角がそれぞれ等しい
から
　　　　△GHI ≡ △QPR
　答　△ABC ≡ △JLK
　　　合同条件　2組の辺とその間の角がそれぞ
　　　　　　　　れ等しい
　　　△DEF ≡ △XWV
　　　合同条件　3組の辺がそれぞれ等しい
　　　△GHI ≡ △QPR
　　　合同条件　1組の辺とその両端の角がそれ
　　　　　　　　ぞれ等しい

33 (1)　△ABC と △EDC において
　　　　　AC = EC
　　　対頂角は等しいから
　　　　　∠ACB = ∠ECD
　　　また，平行線の錯角は等しいから
　　　　　∠CAB = ∠CED
　　　よって，1組の辺とその両端の角がそれぞれ
　　　等しいから
　　　　　△ABC ≡ △EDC
　　　答　△ABC ≡ △EDC
　　　　　合同条件　1組の辺とその両端の角が
　　　　　　　　　　それぞれ等しい
　　(2)　△ABD と △CDB において
　　　　　AB = CD
　　　　　AD = CB
　　　　　BD = DB（共通）
　　　よって，3組の辺がそれぞれ等しいから
　　　　　△ABD ≡ △CDB
　　　答　△ABD ≡ △CDB
　　　　　合同条件　3組の辺がそれぞれ等しい

34　△ABC と△BAD において
$$CA = DB$$
$$\angle CAB = \angle DBA$$
$$AB = BA \quad （共通）$$
よって，2組の辺とその間の角がそれぞれ等しい
から
$$\triangle ABC \equiv \triangle BAD$$
圏　△ABC≡△BAD
　　合同条件　2組の辺とその間の角がそれぞ
　　　　　　　れ等しい

4　証明

■ p.57 ■
35　(1)　仮定　△ABC≡△DEF
　　　　結論　∠A＝∠D
　　(2)　仮定　AB＝DE，BC＝EF，∠B＝∠E
　　　　結論　CA＝FD
　　(3)　仮定　$2x + 1 = 5$
　　　　結論　$x = 2$

36　(1)　仮定　∠AOC＝∠BOC，OQ＝OR
　　　　結論　PQ＝PR
　　(2)　(ア)　OPR
　　　　(イ)　OQ＝OR
　　　　(ウ)　2組の辺とその間の角
　　　　(エ)　OPR
　　　　(オ)　PR

■ p.58 ■
37　(ア)　CQG
　　(イ)　ERG
　　(ウ)　同位角

38　[仮定]　DE＝CE，AE＝FE
　　[結論]　四角形 ABCD は AD∥BC の台形
　　[証明]　△AED と△FEC において
　　　　仮定より　　　DE＝CE　　……①
　　　　　　　　　　　AE＝FE　　……②
　　　対頂角は等しいから
　　　　　　　　　∠AED＝∠FEC　　……③
　　①，②，③より，2組の辺とその間の角がそ
　　れぞれ等しいから
　　　　　　　　　△AED≡△FEC
　　合同な図形の対応する角は等しいから
　　　　　　　　　∠EDA＝∠ECF
　　したがって，AD，BC は錯角が等しいから
　　　　　　　　　　AD∥BC
　　よって，四角形 ABCD は AD∥BC の台形で
　　ある。

39 (1) [仮定] 四角形 ABCD は正方形，AE＝FC

[結論] △ADE≡△CDF

[証明] △ADE と △CDF において

仮定より，四角形 ABCD は正方形であるか
ら　　　　　AD＝CD　　　……①

　　　　　∠DAE＝∠DCF　　……②

また，仮定より　AE＝CF　……③

①，②，③ より，2 組の辺とその間の角が
それぞれ等しいから

　　　　　　△ADE≡△CDF

(2) △ADE において

　　　∠ADE＝180°－(90°＋68°)

　　　　　　＝22°

(1)より，△ADE≡△CDF であるから

　　　∠CDF＝∠ADE＝22°

よって　∠EDF＝90°－22°×2

　　　　　　　＝46°

40 (1) 平面だけで囲まれた立体

(2) 3 つの内角がすべて鋭角である三角形

■ p.59 ■

41 [仮定] 四角形 APQS と四角形 PBTR はともに
正方形

[結論] △APR≡△QPB

[証明] △APR と △QPB において

仮定より，四角形 APQS と四角形 PBTR は
ともに正方形であるから

　　　　　AP＝QP　　……①

　　　　　PR＝PB　　……②

　　　　　∠APR＝∠QPB　……③

①，②，③ より，2 組の辺とその間の角がそ
れぞれ等しいから

　　　　　　△APR≡△QPB

42 [仮定] AB＝AC，AD＝AE，

　　　　∠BAC＝∠DAE

[結論] △ABD≡△ACE

[証明] △ABD と △ACE において

仮定より

　　　　　AB＝AC　　　　……①

　　　　　AD＝AE　　　　……②

また

　　　　　∠DAB＝∠DAE＋∠EAB

　　　　　∠EAC＝∠EAB＋∠BAC

ここで，仮定より，∠BAC＝∠DAE である
から

　　　　　∠DAB＝∠EAC　　……③

①，②，③ より，2 組の辺とその間の角がそ
れぞれ等しいから

　　　　　　△ABD≡△ACE

43 [仮定] ∠A＝∠D，AB＝DC

[結論] △EBC は二等辺三角形

[証明] △ABE と △DCE において

仮定より　　∠BAE＝∠CDE　……①

　　　　　　AB＝DC　　　　……②

対頂角は等しいから

　　　　　　∠AEB＝∠DEC　　……③

①，③ より，三角形の残りの角も等しいから

　　　　　　∠ABE＝∠DCE　　……④

①，②，④ より，1 組の辺とその両端の角が
それぞれ等しいから

　　　　　　△ABE≡△DCE

よって　　　　EB＝EC

したがって，△EBC は二等辺三角形である。

■ p.60 ■

44 [仮定] AB＝AC，

　　　　2 点 D，E はともに円 A 上の点

(1) [結論] ∠ABE＝∠ACD

[証明] △ABE と △ACD において

仮定より

　　　　　AB＝AC　　　　……①

AE と AD は円 A の半径であるから

　　　　　AE＝AD　　　　……②

また

　　　　　∠BAE＝∠CAD（共通）……③

①，②，③ より，2 組の辺とその間の角が
それぞれ等しいから

　　　　　　△ABE≡△ACD

よって　　　∠ABE＝∠ACD

(2) [結論] DF＝EF

[証明] △DBF と △ECF において

　　　　　DB＝AB－AD

　　　　　EC＝AC－AE

ここで，AB＝AC，AD＝AE であるから

　　　　　DB＝EC　　　　……④

(1)より，△ABE≡△ACD であるから

　　　　　∠DBF＝∠ECF　　……⑤

∠AEB＝∠ADC　　……⑥

⑥より　∠CEF＝∠BDF

すなわち

∠BDF＝∠CEF　　……⑦

④，⑤，⑦より，1組の辺とその両端の角がそれぞれ等しいから

△DBF≡△ECF

よって　　　DF＝EF

45 [仮定]　OA＝OB，OC＝OD

(1) [結論]　∠ODA＝∠OCB

[証明]　△OAD と △OBC において

仮定より　OA＝OB　　　　……①

OD＝OC　　　　……②

また

∠AOD＝∠BOC（共通）……③

①，②，③より，2組の辺とその間の角がそれぞれ等しいから

△OAD≡△OBC

よって　　∠ODA＝∠OCB

(2) [結論]　△ACP≡△BDP

[証明]　△ACP と △BDP において

(1)の結果により

∠ACP＝∠BDP　　……④

対頂角は等しいから

∠APC＝∠BPD　　……⑤

④，⑤より，三角形の残りの角も等しいから　∠PAC＝∠PBD　　……⑥

ここで　　AC＝OC－OA

BD＝OD－OB

仮定より，OA＝OB，OC＝OD であるから

AC＝BD　　　　……⑦

④，⑥，⑦より，1組の辺とその両端の角がそれぞれ等しいから

△ACP≡△BDP

(3) [結論]　半直線 OP は ∠XOY を 2 等分する

[証明]　△OAP と △OBP において

仮定より　OA＝OB　　　……⑧

(2)の結果より，△ACP≡△BDP であるから

AP＝BP　　　　……⑨

また　　　OP＝OP　　　　……⑩

⑧，⑨，⑩より，3組の辺がそれぞれ等しいから

△OAP≡△OBP

よって　　∠AOP＝∠BOP

したがって，半直線 OP は ∠XOY を 2 等分する。

46 [仮定]　△ABC は ∠C＝90°，BC≒CA の直角三角形

四角形 ABFG，BCDE，CAHI は正方形

[結論]（長さが等しい線分を探すことにより）

CF＝EA，CG＝HB

[証明]　△BCF と △BEA において

四角形 ABFG と四角形 BCDE は正方形であるから

BF＝BA　　　……①

BC＝BE　　　……②

また，∠FBC＝90°＋∠ABC

∠ABE＝90°＋∠ABC

であるから

∠FBC＝∠ABE　　……③

①，②，③より，2組の辺とその間の角がそれぞれ等しいから

△BCF≡△BEA

よって，線分 CF と線分 EA の長さは等しい。同様に，△ACG≡△AHB を証明することにより，線分 CG と線分 HB の長さが等しいことがわかる。

47 [仮定]　△ABC≡△A′B′C′

H は，線分 BB′，CC′ の垂直二等分線の交点

(1) [結論]　∠BHB′＝∠CHC′

[証明]　△HBC と △HB′C′ において

仮定より，△ABC≡△A′B′C′ であるから

BC＝B′C′　　　……①

点 H は，線分 BB′ の垂直二等分線上にあるから

BH＝B′H　　　……②

同様に，H は，線分 CC′ の垂直二等分線上にあるから

CH＝C′H　　　……③

①，②，③より，3組の辺がそれぞれ等しいから

△HBC≡△HB′C′

よって　∠BHC＝∠B′HC′　　……④

ここで，

∠BHB′＝∠B′HC′－∠BHC′

∠CHC′＝∠BHC－∠BHC′

であるから，④より

∠BHB′＝∠CHC′

(2) [結論]　HA＝HA′

[証明]　△HCA と △HC′A′ において

仮定より，△ABC≡△A′B′C′ であるから

$$CA=C'A' \quad \cdots\cdots ⑤$$
$$\angle BCA=\angle B'C'A' \quad \cdots\cdots ⑥$$
(1)より，△HBC≡△HB'C' であるから
$$\angle BCH=\angle B'C'H \quad \cdots\cdots ⑦$$
ここで，
$$\angle HCA=\angle BCA-\angle BCH$$
$$\angle HC'A'=\angle B'C'A'-\angle B'C'H$$
であるから，⑥，⑦により
$$\angle HCA=\angle HC'A' \quad \cdots\cdots ⑧$$
また $\quad CH=C'H \quad \cdots\cdots ⑨$
⑤，⑧，⑨より，2組の辺とその間の角が
それぞれ等しいから
$$△HCA≡△HC'A'$$
よって $\quad HA=HA'$

■ p.61 ■

1 (1) [証明] △ABE に
おいて，内角と外角
の性質から
$$\angle AEC=\angle a+\angle b$$
△DEC において，内
角と外角の性質から
$$\angle x=\angle DEC+\angle c$$
$$=\angle a+\angle b+\angle c$$

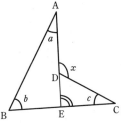

(2) [証明] △ABD に
おいて，内角と外角
の性質から
$$\angle ADE=\angle a+\angle ABD$$
△CBD において，内
角と外角の性質から
$$\angle CDE=\angle CBD+\angle c$$
よって
$$\angle ADE+\angle CDE$$
$$=\angle a+\angle ABD+\angle CBD+\angle c$$
$$=\angle a+\angle b+\angle c$$
すなわち $\quad \angle x=\angle a+\angle b+\angle c$

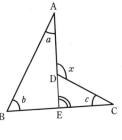

2 (1) (ア) $(n-3)$
(イ) $(n-2)$
(2) (ウ) n
(エ) 360
(オ) $(n-2)$

3 [証明] AB∥EC で
あり，平行線の錯角は
等しいから
$$\angle a=\angle d$$
平行線の同位角は等しい
から
$$\angle b=\angle e$$
よって，△ABCにおいて
$$\angle a+\angle b+\angle c$$
$$=\angle d+\angle e+\angle c$$
$$=180°$$

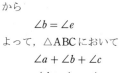

4　多角形の各頂点におけ
る内角と1つの外角の和
は $\boxed{\overset{\text{ア}}{180}}$° であるから，

n 角形の内角の和と外角
の和の合計は

$\boxed{\overset{\text{ア}}{180}}$°$\times n$ である。

n 角形の内角の和は

$$180° \times \boxed{\overset{\text{イ}}{(n-2)}}$$

であるから，n 角形の外角の和は

$$\boxed{\overset{\text{ア}}{180}}° \times n - 180° \times \boxed{\overset{\text{イ}}{(n-2)}} = 360°$$

第3章

第4章　三角形と四角形

1 二等辺三角形

■ p.62 ■

1　(1)　AB＝AC であるから
$$∠ABC = ∠ACB$$
したがって
$$∠x = (180° − 70°) ÷ 2$$
$$= 55°$$

(2)　AB＝AC であるから
$$∠ABC = ∠ACB$$
したがって
$$∠x = 180° − 63° × 2$$
$$= 54°$$

(3)　AB＝AC であるから
$$∠ABC = ∠ACB$$
したがって
$$∠ABC = (180° − 68°) ÷ 2$$
$$= 56°$$
よって，三角形の内角と外角の性質から
$$∠x = 68° + 56°$$
$$= 124°$$

■ p.63 ■

2　(1)　△ABC において，AB＝AC であるから
$$∠ABC = (180° − 48°) ÷ 2$$
$$= 66°$$
∠ABD ＝ ∠CBD であるから
$$∠ABD = 66° ÷ 2$$
$$= 33°$$
よって，三角形の内角と外角の性質から
$$∠x = 48° + 33°$$
$$= 81°$$

(2)　△ABC において，AB＝AC であるから
$$∠ACB = (180° − 36°) ÷ 2$$
$$= 72°$$
△ADC において，DA＝DC であるから
$$∠ACD = ∠CAD = 36°$$
したがって
$$∠x = 72° − 36°$$
$$= 36°$$

(3)　△ACD において，AC＝CD であるから
$$∠CAD = ∠CDA = 18°$$
よって，三角形の内角と外角の性質から

$$∠ACB = 18° + 18°$$
$$= 36°$$
△ABC において，AB＝AC であるから
$$∠ABC = ∠ACB = 36°$$
したがって
$$∠x = 180° − 36° × 2$$
$$= 108°$$

3　(1)　二等辺三角形の頂角の二等分線は，底辺を垂直に2等分するから
$$BD = \boxed{CD}$$

(2)　二等辺三角形の2つの底角は等しいから
$$∠ABD = ∠\boxed{ACD}$$

(3)　$∠ADB = ∠^{ア}\boxed{ADC} = ^{イ}\boxed{90}°$

4　①　残りの角の大きさは
$$180° − (20° + 140°) = 20°$$
よって，二等辺三角形である。

②　残りの角の大きさは
$$180° − (65° + 55°) = 60°$$
よって，二等辺三角形ではない。

③　残りの角の大きさは
$$180° − (70° + 50°) = 60°$$
よって，二等辺三角形ではない。

④　残りの角の大きさは
$$180° − (50° + 65°) = 65°$$
よって，二等辺三角形である。
したがって，二等辺三角形であるものは
$$①，　④$$

5　(1)　△DCE において，内角と外角の性質から
$$∠DCE = 73° − 37°$$
$$= 36°$$
△ABC は正三角形であるから
$$∠ACB = 60°$$
したがって
$$∠x = 60° − 36°$$
$$= 24°$$

(2)　C を通り $ℓ$ に平行な直線 n を引く。
次の図において，同位角は等しいから
$$∠a = 21°$$
△ABC は正三角形であるから
$$∠b = 60° − 21°$$
$$= 39°$$
同位角は等しいから
$$∠x = ∠b = 39°$$

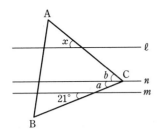

(3) Bを通り ℓ に平行な直線 n を引く。

下の図において，錯角は等しいから
$$\angle a = 14°$$
△ABCは正三角形であるから
$$\angle b = 60° - 14°$$
$$= 46°$$
錯角は等しいから
$$\angle x = \angle b = 46°$$

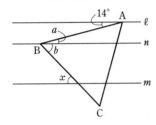

6 (1) 逆は
「$a - c = b - c$ ならば $a = b$」
$a - c = b - c$ の両辺に c をたすと
$$a = b$$
よって，逆は正しい。

(2) 逆は
「△ABCと△DEFにおいて，
AB＝DE，BC＝EF，∠A＝∠D
ならば △ABC≡△DEF である。」
図の△ABCと△DEFは，
AB＝DE，BC＝EF，∠A＝∠D
であるが，合同ではない。
よって，逆は正しくない。

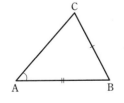 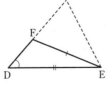

(3) 逆は
「△ABCで，∠B＝∠C ならば
AB＝AC である。」
2つの角が等しい三角形は，二等辺三角形である。
よって，逆は正しい。

■ p.64 ■

7 △ADEは，正三角形であるから
$$\angle DAE = 60°$$
よって $\angle DAC = 60° + 24°$
$$= 84°$$
△ABCも，正三角形であるから
$$\angle BCA = 60°$$
したがって，△ADCにおいて
$$\angle x = 180° - (84° + 60°)$$
$$= 36°$$

8 四角形ABCDは，正方形であるから
$$AB = BC$$
△BCEは，正三角形であるから
$$BE = BC$$
したがって $BE = AB$
よって $\angle BEA = \angle BAE$
また，∠ABC＝90°，∠EBC＝60°であるから
$$\angle ABE = 90° - 60°$$
$$= 30°$$
よって $\angle x = (180° - 30°) \div 2$
$$= 75°$$
このとき $\angle BAE = \angle x = 75°$
したがって
$$\angle y = 90° - 75°$$
$$= 15°$$
答 $\angle x = 75°$，$\angle y = 15°$

9 (1) ① AD＝BDより
$$\angle ABD = x$$
よって，△ABDにおいて，内角と外角の性質から
$$\angle BDC = x + x$$
$$= 2x$$

② BD＝BCより
$$\angle BCD = \angle BDC = 2x$$
さらに，AB＝ACより
$$\angle ABC = \angle ACB = 2x$$
よって，△ABCの内角の和について
$$x + 2x + 2x = 180°$$
$$5x = 180°$$
$$x = 36°$$
すなわち $\angle A = 36°$

(2) ∠ABC の大きさを x とする。

PQ＝QB より
$$\angle QPB = x$$
よって，△BPQ において，内角と外角の性質から
$$\angle AQP = x + x = 2x$$
また，AP＝PQ より
$$\angle PAQ = \angle AQP = 2x$$
したがって，△BPA において，内角と外角の性質から
$$\angle APC = x + 2x = 3x$$
さらに，CA＝AP より
$$\angle ACP = \angle APC = 3x$$
∠BAC＝120° であるから，△ABC の内角の和について
$$x + 3x + 120° = 180°$$
$$4x = 60°$$
$$x = 15°$$
すなわち　　　∠ABC＝15°

■ p.65 ■

10 [仮定] △ABC と △ADE は正三角形
　[結論] BD＝CE
　[証明] △ABD と △ACE において
△ABC，△ADE は正三角形であるから
$$AB = AC \qquad \cdots\cdots ①$$
$$AD = AE \qquad \cdots\cdots ②$$
また，∠BAC＝60°，∠DAE＝60° であるから
$$\angle BAD = \angle BAC + \angle DAC$$
$$= 60° + \angle DAC \qquad \cdots\cdots ③$$
$$\angle CAE = \angle DAE + \angle DAC$$
$$= 60° + \angle DAC \qquad \cdots\cdots ④$$
③，④ から
$$\angle BAD = \angle CAE \qquad \cdots\cdots ⑤$$
①，②，⑤ より，2 組の辺とその間の角がそれぞれ等しいから
$$\triangle ABD \equiv \triangle ACE$$
したがって　　　BD＝CE

11 [仮定] 四角形 ABCD は AD∥BC の台形，
　　　　　　∠CAB＝∠CBA，AD＝CE
　[結論] CD＝BE
　[証明] △ACD と △CBE において
仮定より　　　AD＝CE　　　　　$\cdots\cdots ①$
AD∥BC より，錯角は等しいから
$$\angle DAC = \angle ECB \qquad \cdots\cdots ②$$

∠CAB＝∠CBA より，△ABC は二等辺三角形であり
$$CA = BC \qquad \cdots\cdots ③$$
①，②，③ より，2 組の辺とその間の角がそれぞれ等しいから
$$\triangle ACD \equiv \triangle CBE$$
よって　　　　CD＝BE

12 [仮定] △ABC は鋭角三角形，BD は ∠ABC の
　　　　　　二等分線，DE⊥BC，EG⊥AB
　[結論] ED＝EF
　[証明] △FGB と △DEB において
線分 BD は ∠ABC の二等分線であるから
$$\angle FBG = \angle DBE$$
また　　　　　∠FGB＝∠DEB＝90°
したがって，△FGB と △DEB の残りの角も等しいから
$$\angle BFG = \angle EDF$$
対頂角は等しいから
$$\angle EFD = \angle BFG$$
よって　　　　∠EFD＝∠EDF
したがって，2 つの角が等しいから，△EDF は二等辺三角形で　　ED＝EF

13 [仮定] AB＝AC，AB＞BC，△ABC≡△DEC
　[結論] ∠AEF＝∠DEF
　[証明] △ABC は AB＝AC の二等辺三角形であるから
$$\angle ABC = \angle ACB$$
∠ABC＝∠ACB＝x とおく。
△ABC≡△DEC であるから
$$\angle DEC = \angle ABC = x$$
また，△BCE は CB＝CE の二等辺三角形であるから　　　∠CBE＝∠CEB
∠CBE＝∠CEB＝y とおく。
△BCE の内角と外角の性質から
$$\angle FEC = x + y$$
∠FEC＝∠DEF＋∠DEC＝∠DEF＋x であるから　　　∠DEF＝y　　　　$\cdots\cdots ①$
一方，対頂角は等しいから
$$\angle AEF = \angle CEB = y \qquad \cdots\cdots ②$$
①，② より
$$\angle AEF = \angle DEF$$

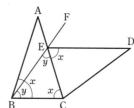

14 [仮定] 四角形 ABCD は正方形，BE＝DF

[結論] ∠CEF＝45°

[証明] C と F を結ぶ。

△CEB と △CFD において

仮定より　　　BE＝DF　　　　……①

四角形 ABCD は正方形であるから

　　　　　　　BC＝DC　　　　……②

　　　　　　　∠CBE＝∠CDF（＝90°）……③

①，②，③ より，2 組の辺とその間の角がそれぞ

れ等しいから

　　　　　　　△CEB≡△CFD

よって　　　　CE＝CF

また　　　　　∠ECF＝∠DCF＋∠DCE

　　　　　　　　　　＝∠BCE＋∠DCE

　　　　　　　　　　＝90°

したがって，△CEF は CE＝CF の直角二等辺三角

形であるから

　　　　　　　∠CEF＝45°

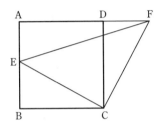

■ p.66 ■

15 △ABD と △BCE において

仮定より　　　BD＝CE　　　　……①

△ABC は正三角形であるから

　　　　　　　AB＝BC　　　　……②

　　　　　　　∠ABD＝∠BCE（＝60°）……③

①，②，③ より，2 組の辺とその間の角がそれぞ

れ等しいから

　　　　　　　△ABD≡△BCE　　　……④

ここで，△FBD の内角と外角の性質から

　　　　　　　∠AFB＝∠FDB＋∠FBD

④ より，∠ADB＝∠BEC であるから

　　　　　　　∠AFB＝∠FDB＋∠FBD

　　　　　　　　　　＝∠BEC＋∠FBD

　　　　　　　　　　＝180°－∠BCE

　　　　　　　　　　＝180°－60°＝120°

16 [仮定] △ABC は正三角形，AD＝BE＝CF

[結論] △DEF は正三角形

[証明] △ADF と △BED において

仮定より　　　AD＝BE　　　　……①

　　　　　　　CF＝AD　　　　……②

△ABC は正三角形であるから

　　　　　　　CA＝AB　　　　……③

　　　　　　　∠FAD＝∠DBE（＝60°）……④

②，③ より

　　　　　　　CA－CF＝AB－AD

よって　　　　AF＝BD　　　　……⑤

①，④，⑤ より，2 組の辺とその間の角がそれぞ

れ等しいから

　　　　　　　△ADF≡△BED

よって　　　　DF＝ED　　　　……⑥

△BED と △CFE においても同様にして

　　　　　　　△BED≡△CFE

よって　　　　ED＝FE　　　　……⑦

⑥，⑦ より　　DF＝ED＝FE

したがって，△DEF は正三角形である。

■ p.67 ■

17 △ABC と △KLJ において

$$\angle A = \angle K = 90° \qquad \cdots\cdots ①$$
$$AB = KL \qquad \cdots\cdots ②$$
$$BC = LJ \qquad \cdots\cdots ③$$

①，②，③ より，直角三角形の斜辺と他の 1 辺が
それぞれ等しいから

$$△ABC \equiv △KLJ$$

△DEF と △IGH において

$$\angle D = \angle I = 90° \qquad \cdots\cdots ④$$
$$EF = GH \qquad \cdots\cdots ⑤$$

△IGH において

$$\angle G = 180° - (90° + 55°) = 35°$$

であるから

$$\angle E = \angle G\,(=35°) \qquad \cdots\cdots ⑥$$

④，⑤，⑥ より，直角三角形の斜辺と 1 つの鋭角
がそれぞれ等しいから

$$△DEF \equiv △IGH$$

答 △ABC ≡ △KLJ

合同条件　直角三角形の斜辺と他の 1 辺がそ
　　　　　れぞれ等しい

△DEF ≡ △IGH

合同条件　直角三角形の斜辺と 1 つの鋭角が
　　　　　それぞれ等しい

18 [仮定] OA＝OB，AC⊥OY，BD⊥OX

[結論] △AOC ≡ △BOD

[証明] △AOC と △BOD において

仮定より

$$\angle ACO = \angle BDO = 90° \qquad \cdots\cdots ①$$
$$OA = OB \qquad \cdots\cdots ②$$

また　　$\angle AOC = \angle BOD$（共通）$\cdots\cdots ③$

①，②，③ より，直角三角形の斜辺と 1 つの鋭角
がそれぞれ等しいから

$$△AOC \equiv △BOD$$

19 (1) [仮定] BE＝CD，∠CEB＝90°，∠BDC＝90°

[結論] △BCE ≡ △CBD

[証明] △BCE と △CBD において

仮定より

$$\angle CEB = \angle BDC = 90° \quad \cdots\cdots ①$$
$$BE = CD \qquad \cdots\cdots ②$$

また　　$BC = CB$（共通）$\qquad \cdots\cdots ③$

①，②，③ より，直角三角形の斜辺と他の
1 辺がそれぞれ等しいから

$$△BCE \equiv △CBD$$

(2) (1)の結果より，△BCE ≡ △CBD であるから

$$\angle EBC = \angle DCB$$

したがって，2 つの角が等しいから，△ABC
は AB＝AC の二等辺三角形である。

■ p.68 ■

20 [仮定] 四角形 ABCD は正方形，BF⊥CE，
　　　　 DG⊥CE

(1) [結論] △BCF ≡ △CDG

[証明] △BCF と △CDG において
仮定より

$$\angle BFC = \angle CGD = 90° \qquad \cdots\cdots ①$$

四角形 ABCD は正方形であるから

$$BC = CD \qquad \cdots\cdots ②$$

△BCF において

$$\angle CBF = 180° - (90° + \angle BCF)$$
$$= 90° - \angle BCF$$

∠BCD＝90° であるから

$$\angle DCG = \angle BCD - \angle BCF$$
$$= 90° - \angle BCF$$

よって

$$\angle CBF = \angle DCG \qquad \cdots\cdots ③$$

①，②，③ より，直角三角形の斜辺と 1 つの
鋭角がそれぞれ等しいから

$$△BCF \equiv △CDG$$

(2) [結論] △AGD ≡ △DFC

[証明] △AGD と △DFC において
(1)の結果より，△BCF ≡ △CDG であるから

$$GD = FC \qquad \cdots\cdots ④$$

四角形 ABCD は正方形であるから

$$AD = DC \qquad \cdots\cdots ⑤$$

∠CDA＝90° であるから

$$\angle GDA = \angle CDA - \angle CDG$$
$$= 90° - \angle CDG$$

∠BCD＝90° であるから

$$\angle FCD = \angle BCD - \angle BCF$$
$$= 90° - \angle BCF$$

△BCF ≡ △CDG より，∠BCF＝∠CDG であ
るから

$$\angle FCD = 90° - \angle CDG$$

よって

$$\angle GDA = \angle FCD \qquad \cdots\cdots ⑥$$

④，⑤，⑥ より，2 組の辺とその間の角がそ
れぞれ等しいから

$$△AGD \equiv △DFC$$

21 [仮定] ∠ABC＝90°，∠BCD＝90°，AC⊥DE，
AC＝DE

[結論] △BCD は直角二等辺三角形

[証明] 線分 AC と ED の交点を F とする。
△ABC と △ECD において
仮定より
$$∠ABC＝∠ECD＝90° \quad ……①$$
$$AC＝ED \quad ……②$$
△ECF は直角三角形であるから
$$∠BCA＝∠ECF$$
$$＝180°－(90°＋∠FEC)$$
$$＝90°－∠FEC$$
$$＝90°－∠DEC$$
直角三角形 ECD において
$$∠CDE＝180°－(90°＋∠DEC)$$
$$＝90°－∠DEC$$
よって　　∠BCA＝∠CDE　　……③

①，②，③ より，直角三角形の斜辺と 1 つの鋭角
がそれぞれ等しいから
$$△ABC≡△ECD$$
したがって　　BC＝CD

仮定より，∠BCD＝90° であるから，△BCD は
直角二等辺三角形である。

22 (1)　△ACP と △BRC において
$$∠CAP＝∠RBC＝90° \quad ……①$$
四角形 CPQR は正方形であるから
$$CP＝RC \quad ……②$$
△ACP において
$$∠APC＝180°－(90°＋∠ACP)$$
$$＝90°－∠ACP$$
∠PCR＝90° であるから
$$∠BCR＝180°－(90°＋∠ACP)$$
$$＝90°－∠ACP$$
よって　∠APC＝∠BCR　　……③

①，②，③ より，直角三角形の斜辺と 1 つの
鋭角がそれぞれ等しいから
$$△ACP≡△BRC$$
よって　　PA＝CB＝2 cm
$$RB＝CA＝3 cm$$
したがって
　　(ア)　2　　　(イ)　3

(2)　Q から直線 m に垂線 QD を引くと
$$QD＝AB$$
$$＝3＋2$$
$$＝5 (cm)$$
△BRC と △DQR において
$$∠CBR＝∠RDQ＝90° \quad ……①$$
四角形 CPQR は正方形であるから
$$RC＝QR \quad ……②$$

また　　　　RB＝QD(＝5 cm)　　……③

①，②，③ より，直角三角形の斜辺と他の
1 辺がそれぞれ等しいから
$$△BRC≡△DQR$$
よって，DR＝BC＝2 cm であるから
$$DB＝2＋5$$
$$＝7 (cm)$$
QA＝DB であるから
$$QA＝7 cm$$
したがって，空欄にあてはまる数は　7

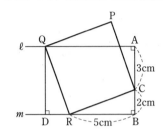

23 [仮定] AB＝AC，∠A＝90°，BD⊥AD，
CE⊥AE，CE＞BD

[結論] CE－BD＝DE

[証明] △ABD と △CAE において
仮定から
$$∠ADB＝∠CEA＝90° \quad ……①$$
$$AB＝CA \quad ……②$$
また　　∠ABD＋∠BAD＝90°
$$∠CAE＋∠BAD＝90°$$
であるから
$$∠ABD＝∠CAE \quad ……③$$

①，②，③ より，直角三角形の斜辺と 1 つの鋭角
がそれぞれ等しいから
$$△ABD≡△CAE$$
合同な図形では対応する辺の長さは等しいから，
BD＝AE，AD＝CE である。
よって　　CE－BD＝AD－AE＝DE

③ 平行四辺形

■ p.69 ■

24 (1) 平行四辺形の対角線は，それぞれの中点で
交わるから

$$OA = OC$$

よって　　$OA = 12 \div 2 = 6 \,(\text{cm})$

平行四辺形の対角は等しいから

$$\angle BCD = \angle BAD = 128°$$

また，下の図のように，辺 DA の延長上の点
を E とすると

$$\angle EAB = 180° - 128° = 52°$$

平行線の錯角は等しいから

$$\angle ABC = \angle EAB = 52°$$

答　$OA = 6 \,\text{cm}$, $\angle BCD = 128°$,
$\angle ABC = 52°$

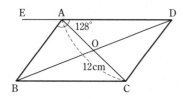

(2) $AB /\!/ EF$, $AE /\!/ BF$ より，四角形 ABFE は，
2 組の対辺がそれぞれ平行であるから，平行四
辺形である。

平行四辺形の対辺は等しいから

$$AE = BF = 4 \,\text{cm}$$

よって　　$ED = 10 - 4$
$$= 6 \,(\text{cm})$$

平行四辺形の対角は等しいから

$$\angle BFE = \angle BAE = 105°$$

したがって

$$\angle EFC = 180° - 105°$$
$$= 75°$$

答　$ED = 6 \,\text{cm}$, $\angle EFC = 75°$

■ p.70 ■

25 (1) 平行線の錯角は等しいから

$$\angle ABD = \angle BDC = 50°$$

△ABE は，$AB = BE$ の二等辺三角形である
から

$$\angle BEA = (180° - 50°) \div 2$$
$$= 65°$$

したがって

$$\angle x = 180° - 65°$$
$$= 115°$$

(2) $\angle ABC = 180° - 100° = 80°$

$\angle ABE = \angle EBC$ であるから

$$\angle EBC = 80° \div 2 = 40°$$

平行線の錯角は等しいから

$$\angle AEB = \angle EBC = 40°$$

平行四辺形の対角は等しいから

$$\angle ADC = \angle ABC = 80°$$

△CDE は，$EC = DC$ の二等辺三角形であるか
ら

$$\angle CED = \angle CDE = 80°$$

よって　　$\angle x = 180° - (40° + 80°)$
$$= 60°$$

26 [仮定]　四角形 ABCD は平行四辺形，AE = ED,
BF = FC
[結論]　△ABF ≡ △CDE
[証明]　△ABF と △CDE において
平行四辺形の対辺は等しいから

$$AB = CD \qquad \cdots\cdots ①$$
$$BC = DA$$

$BF = \dfrac{1}{2} BC$, $DE = \dfrac{1}{2} DA$ であるから

$$BF = DE \qquad \cdots\cdots ②$$

平行四辺形の対角は等しいから

$$\angle ABF = \angle CDE \qquad \cdots\cdots ③$$

①，②，③ より，2 組の辺とその間の角がそれぞ
れ等しいから　　　　△ABF ≡ △CDE

27 ①　　　　$AD = BC$　　　$\cdots\cdots (ア)$
$\angle ADB = \angle CBD$ より，錯角が等しいから
$$AD /\!/ BC \qquad \cdots\cdots (イ)$$
(ア)，(イ) より，1 組の対辺が平行でその長さが
等しいから，平行四辺形である。

④　$\angle A + \angle B = \angle B + \angle C$ より
$$\angle A = \angle C \qquad \cdots\cdots (ア)$$
また，$\angle A + \angle B = 180°$ より
$$\angle B = 180° - \angle A$$
よって
$$\angle D = 360° - \{\angle A + (180° - \angle A) + \angle A\}$$
$$= 180° - \angle A = \angle B \qquad \cdots\cdots (イ)$$
(ア)，(イ) より，2 組の対角がそれぞれ等しいから，
平行四辺形である。

⑥　△ABC ≡ △CDA より
$$AB = CD, \qquad BC = DA$$
よって，2 組の対辺がそれぞれ等しいから，平
行四辺形である。

②，③，⑤ は，それぞれ図のような場合があり，
平行四辺形ではない。

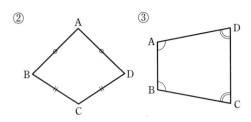

②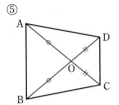

③

⑤

以上より，平行四辺形になるものは

　　　①，　④，　⑥

28 [仮定] 四角形 ABCD は平行四辺形，BE＝DF

[結論] 四角形 AECF は平行四辺形

[証明] 平行四辺形の対角線はそれぞれの中点で交わるから

$$AO＝CO \quad ……①$$
$$BO＝DO$$

BE＝DF であるから

$$EO＝FO \quad ……②$$

①，②より，四角形 AECF の対角線がそれぞれの中点で交わるから，四角形 AECF は平行四辺形である。

29 (1) 4つの辺が等しい四角形は <u>ひし形</u> である。

正方形は，4つの辺が等しく，さらに4つの角が等しい四角形である。

(2) 1組の対辺が平行である四角形は <u>台形</u> である。

平行四辺形は，2組の対辺がそれぞれ平行である四角形である。

(3) 2組の対辺がそれぞれ等しい四角形は <u>平行四辺形</u> である。

ひし形は，平行四辺形であるが，さらに4つの辺が等しい四角形である。

(4) 対角線の長さが等しく，それぞれの中点で交わる四角形は <u>長方形</u> である。

対角線がそれぞれの中点で交わる四角形は平行四辺形であるが，さらに対角線の長さが等しい四角形は長方形である。

(5) ○

■ p.71 ■

30 AD∥BC，AB∥DE より，四角形 ABED は平行四辺形である。

平行線の同位角は等しいから

$$∠DEC＝∠ABE＝54°$$

したがって　∠BEA＝180°−(42°＋54°)＝84°

四角形 ABED は平行四辺形であるから

$$AD＝BE$$

仮定より　　　BE＝EC

よって　　　　AD＝EC

さらに，AD∥BC であるから，四角形 AECD は平行四辺形である。

よって，AE∥DC であり，平行線の同位角は等しいから　　∠x＝∠BEA＝84°

31 線分 CE の延長と線分 BD の交点を F とする。

△BEF において，内角と外角の性質から

$$∠BFE＝116°−29°＝87°$$

さらに，△CDF において，内角と外角の性質から

$$∠CDF＝87°−33°＝54°$$

四角形 ABCD はひし形であるから，CB＝CD より

$$∠CBD＝∠CDB＝54°$$

よって　　∠BCD＝180°−54°×2＝72°

ひし形の対角は等しいから

$$∠x＝∠BCD＝72°$$

32 [仮定] 四角形 ABCD は平行四辺形，CD＝CE

[結論] AC＝BE

[証明] △ACD と △BEC において

四角形 ABCD は平行四辺形であるから

$$AD＝BC \quad ……①$$

仮定より　　　CD＝EC \quad ……②

△CDE は，CD＝CE の二等辺三角形であるから

$$∠CDA＝∠CED$$

AD∥BC より，錯角は等しいから

$$∠ECB＝∠CED$$

よって　　∠CDA＝∠ECB \quad ……③

①，②，③より，2組の辺とその間の角がそれぞれ等しいから

$$△ACD≡△BEC$$

したがって　　AC＝BE

別解　△ABC と △ECB において
仮定より　　　CD＝CE
よって，△CDE において
　　　　　∠CDE＝∠CED
四角形 ABCD は平行四辺形であるから
　　　CD＝BA，∠CDE＝∠ABC
したがって　　BA＝CE　　　……①
　　　　　∠CED＝∠ABC
AD∥BC より，錯角は等しいから
　　　　　∠CED＝∠ECB
よって　　∠ABC＝∠ECB　　……②
また　　　　BC＝CB（共通）　……③
①，②，③ より，2 組の辺とその間の角がそれ
ぞれ等しいから
　　　　　△ABC≡△ECB
したがって　　AC＝EB
すなわち　　　AC＝BE

33 [仮定]　四角形 ABCD は平行四辺形，
　　　　　　∠BAE＝∠DAE，∠BCF＝∠DCF
[結論]　四角形 AECF は平行四辺形
[証明]　平行四辺形の対角は等しいから
　　　　　　∠A＝∠C
線分 AE，CF は，それぞれ ∠A，∠C の二等分線
であるから
　　∠EAF＝$\frac{1}{2}$∠A，∠FCE＝$\frac{1}{2}$∠C
よって　　　∠EAF＝∠FCE
AD∥BC より，錯角は等しいから
　　　　　∠CFD＝∠FCE
したがって，∠EAF＝∠CFD より，同位角が等
しいから
　　　　　AE∥FC　　　……①
また，AD∥BC より
　　　　　AF∥EC　　　……②
①，② より，2 組の対辺がそれぞれ平行であるか
ら，四角形 AECF は，平行四辺形である。

34 [仮定]　四角形 ABCD は平行四辺形，AE＝DE，
　　　　　　BF＝CF
[結論]　四角形 EGFH は平行四辺形
[証明]　四角形 AFCE において
仮定より
　　　AE＝$\frac{1}{2}$AD，FC＝$\frac{1}{2}$BC
四角形 ABCD は平行四辺形であるから
　　　　　　AD＝BC
よって　　　　AE＝FC　　　……①
また，AD∥BC より
　　　　　AE∥FC　　　……②

①，② より，1 組の対辺が平行で等しいから，四
角形 AFCE は平行四辺形である。
したがって　　GF∥EH　　　……③
同様に，四角形 EBFD も平行四辺形であることが
わかるから
　　　　　EG∥HF　　　……④
③，④ より，2 組の対辺がそれぞれ平行であるか
ら，四角形 EGFH は，平行四辺形である。

■ p.72 ■
35 [仮定]　四角形 ABCD は平行四辺形，
　　　　　　∠DCE＝∠ABC
[結論]　AE＋EC＝BC
[証明]　平行四辺形の対角は等しいから
　　　　　　∠ABC＝∠CDE
∠DCE＝∠ABC より
　　　　　　∠DCE＝∠CDE
したがって，△CDE は，2 つの角が等しいから，
二等辺三角形で
　　　　　　EC＝ED
また，平行四辺形の対辺は等しいから
　　　　　　AD＝BC
よって　　AE＋EC＝AE＋ED
　　　　　　　　　＝AD
　　　　　　　　　＝BC

36 [仮定]　四角形 ABCD は平行四辺形，AB＝AE
[結論]　AD＝CF
[証明]　AB＝AE であるから，△ABE において
　　　　　　∠ABE＝∠AEB　　　……①
AB∥FC より，錯角は等しいから
　　　　　　∠BFC＝∠ABE
AD∥BC より，錯角は等しいから
　　　　　　∠FBC＝∠AEB
① より　　　∠BFC＝∠FBC
したがって，△BCF は，2 つの角が等しいから，
二等辺三角形で
　　　　　　BC＝CF
平行四辺形の対辺は等しいから
　　　　　　BC＝AD
よって　　　　AD＝CF

37 (1)　仮定より
　　　　　　∠DAG＝$\frac{1}{2}$∠DAB
　　　　　　∠ADG＝$\frac{1}{2}$∠ADC

よって
$$\angle DAG + \angle ADG = \frac{1}{2}(\angle DAB + \angle ADC)$$
ここで，$\angle DAB + \angle ADC = 180°$ であるから
$$\angle DAG + \angle ADG = \frac{1}{2} \times 180° = 90°$$
したがって，$\triangle AGD$ において，内角と外角の
性質から
$$\angle AGF = 90°$$
(2) $AD /\!/ BC$ より，錯角は等しいから
$$\angle DAE = \angle AEB$$
$\angle DAE = \angle BAE$ であるから
$$\angle BAE = \angle AEB$$
したがって，$\triangle ABE$ は，2つの角が等しいか
ら，二等辺三角形で
$$BE = AB = 5\text{ cm}$$
同様に，$\angle CDF = \angle CFD$ であるから，
$\triangle CDF$ は $CF = CD$ の二等辺三角形である。
平行四辺形の対辺は等しいから
$$CD = AB = 5\text{ cm}$$
よって　　　$CF = 5\text{ cm}$
$BC = AD = 7.6\text{ cm}$ であるから
$$\begin{aligned}EF &= 5 + 5 - 7.6\\&= 2.4 \text{ (cm)}\end{aligned}$$

■ p.73 ■

38 [仮定]　四角形 ABCD は平行四辺形，$AM = BM$，
　　　　　$MD = MC$
[結論]　四角形 ABCD は長方形
[証明]　$\triangle AMD$ と $\triangle BMC$ において
平行四辺形の対辺は等しいから
$$AD = BC \qquad \cdots\cdots ①$$
仮定より
$$AM = BM \qquad \cdots\cdots ②$$
$$MD = MC \qquad \cdots\cdots ③$$
①，②，③ より，3組の辺がそれぞれ等しいから
$$\triangle AMD \equiv \triangle BMC$$
よって　　　$\angle MAD = \angle MBC$
四角形 ABCD は平行四辺形であるから
$$\angle MAD + \angle MBC = 180°$$
したがって
$$\angle MAD = \angle MBC = 90°$$
平行四辺形の対角は等しいから，四角形 ABCD の
4つの角はすべて $90°$ である。
よって，四角形 ABCD は長方形である。

39 [仮定]　四角形 ABCD は長方形，$\triangle AEC$ は
　　　　　$\triangle ABC$ を折り返したもの，$AB < AD$
(1) [結論]　$AF = CF$
　　[証明]　折り返した角は等しいから
$$\angle FCA = \angle BCA$$
$AD /\!/ BC$ より，錯角は等しいから
$$\angle FAC = \angle BCA$$
よって　$\angle FCA = \angle FAC$

したがって，$\triangle FAC$ は二等辺三角形で
$$AF = CF$$
(2) [結論]　四角形 ACDE は $AC /\!/ ED$，$AE = CD$
　　　　　の等脚台形
[証明]　(1)の結果より，$\triangle FAC$ は二等辺三角形
である。
よって
$$\angle FAC = \frac{1}{2}(180° - \angle CFA)$$
$$= 90° - \frac{1}{2}\angle CFA \qquad \cdots\cdots ①$$
また，$AD = CE$，$AF = CF$ より
$$AD - AF = CE - CF$$
すなわち，$FD = FE$ であるから，$\triangle FDE$ も
二等辺三角形である。
よって
$$\angle FDE = \frac{1}{2}(180° - \angle EFD)$$
$$= 90° - \frac{1}{2}\angle EFD \qquad \cdots\cdots ②$$
対頂角は等しいから
$$\angle CFA = \angle EFD \qquad \cdots\cdots ③$$
①，②，③ より
$$\angle FAC = \angle FDE$$
したがって，錯角が等しいから
$$AC /\!/ ED$$
また　　　　$AE = DC$
よって，四角形 ACDE は，$AC /\!/ ED$ の等脚
台形である。

40 [仮定]　四角形 ABCD において $AD /\!/ BC$，
　　　　　$\angle B = \angle C$
[結論]　$AB = DC$
[証明]　A，D から辺 BC に下ろした垂線の足をそ
れぞれ E，F とする。
$\triangle ABE$ と $\triangle DCF$ において
$AD /\!/ BC$ より
$$AE = DF \qquad \cdots\cdots ①$$
また　　$\angle AEB = \angle DFC(= 90°) \cdots\cdots ②$
仮定より
$$\angle ABE = \angle DCF \qquad \cdots\cdots ③$$
②，③ より，三角形の残りの角も等しいから
$$\angle BAE = \angle CDF \qquad \cdots\cdots ④$$
①，②，④ より，1組の辺とその両端の角がそれ
ぞれ等しいから
$$\triangle ABE \equiv \triangle DCF$$
したがって　　　$AB = DC$

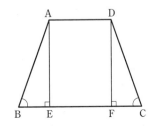

別解 点 A を通り辺 DC に平行な直線と辺 BC と
の交点を E とする。
四角形 AECD は，2組の対辺がそれぞれ平行
であるから，平行四辺形である。
よって　　　　　AE＝DC　　　……①
AE∥CD より，同位角は等しいから
　　　　　　　∠AEB＝∠DCB
仮定から　　　∠ABE＝∠DCB
したがって　　∠ABE＝∠AEB
よって，△ABE は二等辺三角形であり
　　　　　　　AB＝AE
① から　　　　AB＝DC

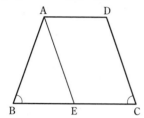

41 [仮定]　△ABC，△QBP，△RPC は正三角形
(1) [結論]　△PBC≡△QBA
　[証明]　△PBC と △QBA において
　△ABC は正三角形であるから
　　　　　　BC＝BA　　　　　……①
　△QBP も正三角形であるから
　　　　　　BP＝BQ　　　　　……②
　また　∠PBC＝∠ABC－∠ABP
　　　　　　　　＝60°－∠ABP
　　　∠QBA＝∠QBP－∠ABP
　　　　　　　　＝60°－∠ABP
　よって　∠PBC＝∠QBA　　……③
　①，②，③ より，2組の辺とその間の角がそ
　れぞれ等しいから
　　　　　　△PBC≡△QBA
(2) [結論]　四角形 AQPR は平行四辺形
　[証明]　(1)の結果から
　　　　　　AQ＝CP
　△RPC は正三角形であるから
　　　　　　CP＝RP　　　　　……(ア)
　よって　AQ＝RP　　　　　……④
　(1)と同様にして
　　　　　　△PBC≡△RAC
　したがって
　　　　　　BP＝AR
　△QBP は正三角形であるから
　　　　　　BP＝QP　　　　　……(イ)
　よって　AR＝QP　　　　　……⑤
　④，⑤ より，2組の対辺がそれぞれ等しいから，
　四角形 AQPR は平行四辺形である。
(3) 【例1】BP＝CP のとき，ひし形になる。
　(説明) BP＝CP のとき，(ア)，(イ) より
　　　　　　QP＝RP
　　④，⑤ より
　　　　　AQ＝QP＝RP＝AR
　　よって，四角形 AQPR はひし形になる。

【例2】∠BPC＝150° のとき，長方形になる。
(説明)∠BPC＝150° のとき
　　　　∠QPR＝360°－(60°＋150°＋60°)
　　　　　　　＝90°
　四角形 AQPR は平行四辺形であるから
　　　　　∠RAQ＝∠QPR＝90°
　　　　　∠AQP＝∠PRA
　　　　　　　　＝180°－90°
　　　　　　　　＝90°
　よって，四角形 AQPR は長方形になる。
【例3】BP＝CP かつ ∠BPC＝150° のとき，
　正方形になる。
　(例1 と例2 を合わせたものである)

42 [仮定]　∠A＝90°，BM＝CM
[結論]　BC＝2AM
[証明]　中線 AM の M を越える延長線上に，
AM＝DM となる点 D をとる。
このとき，四角形 ABDC は，対角線がそれぞれの
中点で交わるから，平行四辺形である。
また，仮定より ∠CAB＝90° であるから
　　　　　∠BDC＝∠CAB＝90°
　　　　　∠ABD＝∠DCA
　　　　　　　　＝180°－90°
　　　　　　　　＝90°
したがって，四角形 ABDC は長方形である。
長方形の対角線の長さは等しいから
　　　　　AD＝BC
AD＝2AM であるから
　　　　　BC＝2AM

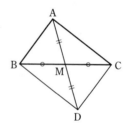

■ p.74 ■
43 [仮定]　四角形 ABCD は長方形，BE＝DE
(1) [結論]　BG＝DF
　[証明]　△BGE と △DFE において
　E は対角線 BD の中点であるから
　　　　　　BE＝DE　　　　　……①
　対頂角は等しいから
　　　　　　∠BEG＝∠DEF　　……②
　AD∥BC より，錯角は等しいから
　　　　　　∠EBG＝∠EDF　　……③
　①，②，③ より，1組の辺とその両端の角が
　それぞれ等しいから
　　　　　　△BGE≡△DFE
　よって　　　　BG＝DF

(2) [仮定]　BD∥GH を追加
　[結論]　FH＋GH＝BD
　[証明]　H を通り辺 AD に平行な直線と線分 BD
　との交点を I とする。
　BI∥GH，BG∥IH より，四角形 BGHI は，
　2 組の対辺がそれぞれ平行であるから，平行四
　辺形である。
　よって　　　GH＝BI　　　　　……④
　　　　　　　BG＝IH　　　　　……⑤
　△FDH と △IHD において
　　　　　　　DH＝HD（共通）　……⑥
　(1)の BG＝DF と⑤より
　　　　　　　DF＝HI　　　　　……⑦
　また
　　　　　∠FDH＝∠IHD（＝90°）　……⑧
　⑥，⑦，⑧より，2 組の辺とその間の角がそ
　れぞれ等しいから
　　　　　　　△FDH≡△IHD
　したがって　　　FH＝ID　　　　……⑨
　④，⑨より
　　　　FH＋GH＝ID＋BI
　　　　　　　　＝BD

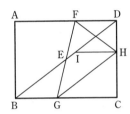

44 [仮定]　四角形 ADEB，ACFG は正方形，
　　　　　　四角形 ABHC は平行四辺形
(1) [結論]　GD＝2AM
　[証明]　△AHC と △GDA において
　四角形 ACFG は正方形であるから
　　　　　　AC＝GA　　　　　　……①
　四角形 ADEB は正方形であるから
　　　　　　AB＝AD　　　　　　……②
　四角形 ABHC は平行四辺形であるから
　　　　　　AB＝CH　　　　　　……③
　②，③から
　　　　　　CH＝AD　　　　　　……④
　また　∠HCA＝180°－∠BAC
　　　　∠DAG＝360°－(90°＋90°＋∠BAC)
　　　　　　　＝180°－∠BAC
　よって　　∠HCA＝∠DAG　　……⑤
　①，④，⑤より，2 組の辺とその間の角がそ
　れぞれ等しいから
　　　　　　　△AHC≡△GDA

したがって　　　AH＝GD
ここで，四角形 ABHC は平行四辺形であるか
ら，対角線はその中点で交わる。
よって　　　　AH＝2AM
したがって　　GD＝2AM
(2) [結論]　AI⊥DG
　[証明]　△AHC≡△GDA より
　　　　　　∠CAH＝∠AGD
　また
　　　　∠GAI＋∠CAH＝180°－90°
　　　　　　　　　　　＝90°
　よって
　　　　∠GAI＋∠AGD＝90°
　したがって，△AGI において
　　　　∠GIA＝180°－(∠GAI＋∠AGI)
　　　　　　　＝180°－90°
　　　　　　　＝90°
　よって　　　AI⊥DG

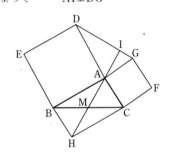

4 平行線と面積

45 (1) AD∥BC で，底辺 BC を共有していること
から
$$△ABC=△DBC$$
よって，△ABC と面積が等しい三角形は
$$△DBC$$
(2) (1) より
$$△ABC=△DBC$$
この両辺から，2 つの三角形に共通な △OBC
を除くと
$$△ABO=△DOC$$
よって，△ABO と面積が等しい三角形は
$$△DOC$$

46 (ア) BCF
(イ) AFD
(ウ) DEF

47 D を通り線分 AC に平行に引いた直線と直線 BC
との交点を P とする。
このとき，△ACD と △ACP は底辺 AC を共有し，
2 点 D, P は AC に関して同じ側にある。
さらに，AC∥DP であるから
$$△ACD=△ACP$$
よって
$$△ACD+△ABC=△ACP+△ABC$$
すなわち
$$(四角形 ABCD の面積)=△ABP$$
したがって，上のような点 P をとればよい。

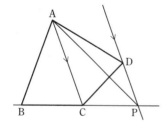

48 AD∥BC で，底辺 BE を共有していることから
$$△ABE=△DBE \qquad \cdots\cdots ①$$
BD∥EF で，底辺 DB を共有していることから
$$△DBE=△DBF \qquad \cdots\cdots ②$$
①，② より $△ABE=△DBF \qquad \cdots\cdots ③$
AB∥DC で，底辺 DF を共有していることから
$$△DBF=△DAF \qquad \cdots\cdots ④$$
③，④ より $△ABE=△DAF$
したがって，△ABE と面積の等しい三角形は
$$△DBE，△DBF，△DAF$$

49 [仮定] △ABE＝△ACD
[結論] DE∥BC
[証明] 仮定より △ABE＝△ACD
この両辺から，2 つの三角形に共通な △ADE を除
くと
$$△DBE=△ECD$$
△DBE と △ECD は底辺 DE を共有し，2 点 B, C
は DE に関して同じ側にあるから
$$DE∥BC$$

50 A を通り PM に平行に引いた直線と辺 BC との
交点を D とする。
このとき，PM∥AD で，底辺 PM を共有すること
から
$$△APM=△DPM$$
よって
$$△APM+△PBM=△DPM+△PBM$$
すなわち $△ABM=△PBD$
したがって，上のような点 D をとると，直線 PD
は △ABC の面積を 2 等分する。
（答） A を通り PM に平行に引いた直線と辺 BC
との交点を D とすると，直線 PD が求める
直線である。

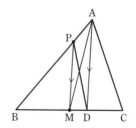

■ p.77 ■

51 (1) (ア) AC
　　　 (イ) ACE
　　　 (ウ) ABE
　　(2) (エ) 中点

52 [1] まず，四角形 ABCD と面積の等しい
△ABF をつくる。
D を通り AC に平行に引いた直線と直線 BC と
の交点を F とする。
このとき，AC∥DF で，底辺 AC を共有してい
ることから
$$△ACD = △ACF$$
よって，四角形 ABCD と △ABF の面積は等し
い。

[2] 次に，△ABF の面積を 2 等分する三角形をつ
くる。
△ABF の辺 BF の中点を G とすると
$$△ABG = △AGF$$
よって，△ABG の面積は，△ABF の面積の半
分である。
すなわち，△ABG の面積は，四角形 ABCD の
面積の半分である。

[3] 点 E を通る直線によって，△ABG と同じ面積
をもつ図形をつくる。
A を通り EG に平行に引いた直線と直線 BC と
の交点を H とする。
このとき，AH∥EG で，底辺 AH を共有してい
ることから
$$△AHG = △AHE$$
よって，△ABG と四角形 ABHE の面積は等し
い。

以上の [1], [2], [3] の手順によって，四角形 ABCD
の面積を 2 等分する直線 EH を引くことができる。
したがって，下の図のようになる。

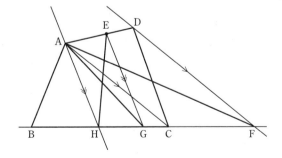

別解 [1] A を通り EB に平行に引いた直線と直
線 BC との交点を P とする。
このとき，AP∥EB で，底辺 EB を共有して
いることから
$$△ABE = △PBE \quad\quad ……①$$

[2] D を通り EC に平行に引いた直線と直線 BC
との交点を Q とする。
このとき，DQ∥EC で，底辺 EC を共有して
いることから
$$△DCE = △QCE \quad\quad ……②$$

[3] 四角形 ABCD は 3 つの三角形
$$△ABE, △EBC, △DCE$$
に分けることができる。
①，②により，四角形 ABCD の面積は，3 つ
の三角形
$$△PBE, △EBC, △QCE \quad ……③$$
の面積の和になる。
③の 3 つの三角形を合わせたものは，
△EPQ である。

[4] 線分 PQ の中点を H とする。
このとき，△EPQ の面積は，直線 EH で 2 等
分される。
[3]により，四角形 ABCD と △ EPQ の面積
は等しいから，直線 EH が求める直線となる。

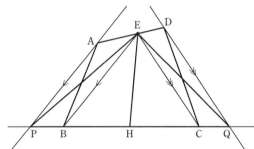

53 C を通り BD に平行に引いた直線と直線 PQ と
の交点を E とする。
このとき，BD∥CE で，底辺 BD を共有している
ことから
$$△BCD = △BED$$
よって，この土地の面積は，折れ線 A－B－E によ
って 2 等分される。
次に，B を通り AE に平行に引いた直線と直線 PQ
との交点を F とする。
このとき，AE∥BF で，底辺 AE を共有している
ことから
$$△ABE = △AFE$$
したがって，この土地の面積は，直線 AF によっ
て 2 等分される。

よって，このような点 F をとり直線 AF を引けば
よいから，下の図のようになる。

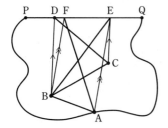

■ p.78 ■

54 (1)　辺 AB が最も大きい辺であるから，最も大き
い角は　　　∠C

(2)　辺 BC が最も小さい辺であるから，最も小さ
い角は　　　∠A

(3)　∠C＝180°−(70°＋60°)
$$＝50°$$
よって，∠A が最も大きい角であるから，最
も大きい辺は
$$辺 BC$$

(4)　∠C＝180°−(65°＋75°)
$$＝40°$$
よって，∠C が最も小さい角であるから，最
も小さい辺は
$$辺 AB$$

55 (1)　5＜8, 7＜8 であり
$$5＋7＞8$$
よって，5 cm, 7 cm, 8 cm を 3 辺の長さと
する三角形は存在する。

(2)　4＜11, 6＜11 であり
$$4＋6＜11$$
よって，4 cm, 6 cm, 11 cm を 3 辺の長さと
する三角形は存在しない。

56　[仮定]　∠BAD＝∠DAC
[結論]　AB＞BD
[証明]　線分 AD は ∠A の二等分線であるから
$$∠BAD＝∠DAC　　　……①$$
△ADC において，内角と外角の性質から
$$∠ADB＝∠C＋∠DAC　　　……②$$
①，② より
$$∠ADB＝∠C＋∠BAD$$
よって　　∠ADB＞∠BAD
したがって，△ABD において，辺と角の大小関係
から
$$AB＞BD$$

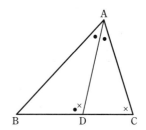

章　末　問　題

■ p.79 ■

1 ［仮定］　AB＝DE，AC＝DF，∠ACB＝∠DFE，
　　　　　　AG⊥BG，DH⊥EH

(1) ［結論］　△ACG≡△DFH

［証明］　△ACG と △DFH において

仮定から　　∠AGC＝∠DHF＝90°　……①

　　　　　　AC＝DF　　　　　　　……②

また　　　　∠ACG＝180°－∠ACB

　　　　　　∠DFH＝180°－∠DFE

∠ACB＝∠DFE であるから

　　　　　　∠ACG＝∠DFH　　　　……③

①，②，③ より，直角三角形の斜辺と1つの鋭
角がそれぞれ等しいから

　　　　　　△ACG≡△DFH

(2) ［結論］　△ABG≡△DEH

［証明］　△ABG と △DEH において

仮定から　∠AGB＝∠DHE＝90°　……①

　　　　　　AB＝DE　　　　　　　……②

(1)より，△ACG≡△DFH であり，合同な図形で
は対応する辺の長さは等しいから

　　　　　　AG＝DH　　　　　　　……③

①，②，③ より，直角三角形の斜辺と他の1辺
がそれぞれ等しいから

　　　　　　△ABG≡△DEH

(3) ［結論］　△ABC≡△DEF

［証明］　△ABC と △DEF において

仮定から　AB＝DE　……①

　　　　　　AC＝DF　……②

(1)より，△ACG≡△DFH であり，合同な図形で
は対応する辺の長さは等しいから

　　　　　　CG＝FH　……③

(2)より，△ABG≡△DEH であり，合同な図形で
は対応する辺の長さは等しいから

　　　　　　BG＝EH　……④

BC＝BG－CG，EF＝EH－FH であるから，③，
④ より　　BC＝EF　……⑤

①，②，⑤ より，3組の辺がそれぞれ等しいから

　　　　　　△ABC≡△DEF

2 ［仮定］　2直線 AD，BC の距離と2直線 AB，CD の
　　　　　　距離は一定で等しい。

(1) ［結論］　四角形 ABCD は平行四辺形

［証明］　四角形 ABCD において

仮定から　　AD∥BC，AB∥DC

よって，2組の対辺がそれぞれ平行であるから，
四角形 ABCD は平行四辺形である。

(2) ［結論］　四角形 ABCD はひし形

［証明］　(1)より，四角
形 ABCD は平行四辺
形である。

A から直線 BC に引い
た垂線の長さと，B か
ら直線 CD に引いた垂
線の長さは，テープの
幅と等しい。

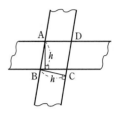

テープの幅を h とする
と，平行四辺形 ABCD の面積について

　　　　　　AB×h＝BC×h

よって　　AB＝BC　……①

平行四辺形 ABCD において

　　　　　　AB＝DC，AD＝BC　……②

①，② より

　　　　　　AB＝DC＝BC＝AD

平行四辺形 ABCD の4つの辺が等しいから，
四角形 ABCD はひし形である。

第４章

3　道のりが最小となるのは，川幅は一定であるから

$$AP + \boxed{}^{\text{ア}} \boxed{QB}$$ が最小となるときである。

図のように適当な橋 P′Q′ をかける。

線分 BQ′ を，点 Q′ が点 P′ に重なるように平行移動させたものを線分 B′P′ とし，線分 AB′ と岸の交点を P とする。

P から岸に垂直にかけた橋を PQ とする。

点 P′ が点 P と異なるとき，△AP′B′ において

$$AP' + P'B' > AB'$$

が成り立つ。

左辺と右辺を変形すると

$$AP' + Q'B > AP + QB$$

よって，図のように橋 PQ をかければ，道のりが最小となる。

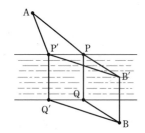

21568A   240106

ISBN978-4-410-21568-1

体系問数1 幾何(上) 解答編

21568A

数研出版
https://www.chart.co.jp